Roboter- und KI-Ethik

EBOOK INSIDE

Die Zugangsinformationen zum eBook Inside finden Sie am Ende des Buchs.

Michael Funk

Roboter- und KI-Ethik

Eine methodische Einführung – Grundlagen der Technikethik Band 1

Springer Vieweg

Michael Funk
Cooperative Systems
University of Vienna
Wien, Österreich

ISBN 978-3-658-34665-2 ISBN 978-3-658-34666-9 (eBook)
https://doi.org/10.1007/978-3-658-34666-9

Die Deutsche Nationalbibliothek verzeichnet diese Publikation in der Deutschen Nationalbibliografie; detaillierte bibliografische Daten sind im Internet über http://dnb.d-nb.de abrufbar.

Planung/Lektorat: David Imgrund
Springer Vieweg ist ein Imprint der eingetragenen Gesellschaft Springer Fachmedien Wiesbaden GmbH und ist ein Teil von Springer Nature.
Die Anschrift der Gesellschaft ist: Abraham-Lincoln-Str. 46, 65189 Wiesbaden, Germany

Kultur, Technik und die Frage nach der Verantwortung

Smarte Maschinen sind auf dem Vormarsch. Beim Gedanken daran beschleicht viele Menschen ein Unbehagen und heimliches Gefühl des Entsetzens. Ihnen drängen sich Bilder vom Terminator oder der Matrix auf. Wenn Literaten oder Filmschaffende schon vor Jahrzehnten Maschinen mit übermenschlichen Kräften thematisierten, dann auch deshalb, weil das Grauen vor der Maschine, die stärker und klüger ist als Homo sapiens, zu unserer Pop-Kultur gehört. Auch beim Science Fiction ergötzen sich Menschen gerne am Grusel. Der Schauer, der ihnen dabei über den Rücken läuft, gehört zum Erfolgskonzept künstlerischen Schaffens und ist bewusst gewollt.

Inzwischen holt die Wirklichkeit die fiktionale Erzählung ein. Die Realität, scheint es, könnte die menschliche Vorstellungskraft sogar noch überflügeln, was nichts daran ändert, dass wir uns auch mit dem realisierten Traum von der smarten Maschine noch immer auf dem Boden der Kultur bewegen. Der Duden klärt uns auf. „Kultur", lesen wir, ist die „Gesamtheit der geistigen, künstlerischen, gestaltenden Leistungen einer Gemeinschaft als Ausdruck menschlicher Höherentwicklung." Alles, was der Mensch hervorbringt – Symbole und Konzepte – zählt zur Kulturschaffung. Jeder technische Fortschritt, darunter ganz prominent die industrielle Revolution und heute die Digitalisierung, namentlich die Robotik und die künstliche Intelligenz, ist eine kulturelle Leistung des Menschen. Kulturschaffung geschah seit jeher und geschieht weiterhin, weil gerade sie charakteristisch für den Menschen ist.

Dass Kulturschaffung menschliche Höherentwicklung bedeutet, beschrieb der katholische Theologe Romano Guardini schon 1927. Angetrieben durch das intellektuelle Vermögen, die Naturgesetze zu hinterfragen, und das Verlangen, die harten, oft menschenfeindlichen Ursachen der Natur zu bezwingen, entwickelt der Mensch Mittel und Wege, die Schroffheit der Natur zu überwinden. Die größere Menschenfreundlichkeit, die daraus resultiert, drückt sich zum einen in äußeren Symbolen aus – als technisches Gerät, als Maschine, als Architektur und auch als Kunst. Als Reiter auf dem Rücken eines Pferdes ist man der Natur näher und unmittelbarer ausgesetzt, als das bei einer Reise mit dem Auto der Fall ist. An der Küste Südfrankreichs erlebt man die Wirklichkeit der Natur anders als in der psychedelischen virtuellen Realität eines Sandstrandes an einem gelben Meer, über dem drei rosarote Sonnen untergehen.

Doch bei äußeren Symbolen allein bleibt es nicht. Der Mensch bezwingt die Natur auch konzeptionell – und stellt sich so als zweiter Gesetzgeber neben die Natur. Zwar sind seine Gesetze synthetisch und abstrakt und entstehen, anders als die Naturgesetze, aus der Vernunft begabung des Menschen und seiner Freiheit, die veränderlichen Regeln menschlichen Handelns selbst zu bestimmen. Auch wenn diese, anders als naturgesetzliche Gegebenheiten, nicht beständig sind, schreibt Sapiens einigen seiner Konzepte dennoch zu, wie Naturgesetze zu wirken. Zum Konzept der freiheitlichen Demokratie etwa gehören die individuelle und die politische Freiheit, die Subsidiarität der Staatsmacht, der Parlamentsvorbehalt, der Rechtsstaat und die Marktwirtschaft als Freiheit des Wettbewerbs. Hier zeigt sich ein weiteres konstituierendes Merkmal von Kulturschaffung: Sie ist „Leistung einer Gemeinschaft". Werte, die sämtlich in der Souveränität des Menschen wurzeln, sind die Werte, denen Europa verpflichtet ist. In anderen Regionen der Erde folgt man diesen Werten nicht uneingeschränkt, verwirft sie oder geht unverhüllt offensiv dagegen vor.

Kulturschaffung ist dem Menschen so gut gelungen, dass die Natur heute global im Todeskampf liegt. Die Ausbreitung und Abwicklung des internationalen Handels, begleitet von Menschen- und Finanzströmen, wäre nicht denkbar ohne die Digitalisierung mitsamt ihrem Energiehunger als größtem Treiber der Globalisierung. Sie stellt uns vor Augen, dass Kultur den Menschen nicht nur von der Natur entfernt und entfremdet. Immer führt sie auch zur Ausbeutung. Anders gesagt: Kulturschaffung verändert Mensch und Natur. Besonders die Technik hat Folgen.

Die Umwelt und, was zu hoffen bleibt, zunehmend auch das Klima betreffend, hat der Mensch eingesehen, dass er die Natur nicht nur gestalten darf, indem er sie ausbeutet. Er hat verstanden, dass Natur schützenswert ist, hat Umweltauflagen implementiert und Recycling-Kreisläufe in Gang gesetzt. Für mehr Klimaschutz stehen vergleichbare Anstrengungen noch aus. Die immer smarter werdenden Maschinen des neuen Jahrtausends, allen voran die künstliche Intelligenz, die als Universaltechnologie des 21. Jahrhunderts gilt wie seinerzeit die Elektrizität, stellen den Menschen vor ganz grundlegende Fragen. Bei ihrer Entwicklung und ihrem Einsatz ist der Mensch besonders gefordert, die Initiative zu ergreifen, weil neu ist und schwer wiegt, dass sie den Menschen selbst ausbeuten, indem sie seine Souveränität infrage stellen und (mit-)bestimmend in seine Zukunft eingreifen.

Unter dem Primat der Vernunft müssen Technikfolgen von künstlicher Intelligenz und Robotern deshalb verständig beurteilt werden, eine Notwendigkeit, die unseren Blick endlich auf die Ethik lenkt – und auf das Recht. Etwa seit 2017 beschäftigen sich internationale Institutionen, darunter die Vereinten Nationen und die Organisation für Sicherheit und Zusammenarbeit in Europa (OSZE), supranationale und nationale Regierungen wie die EU-Kommission und die Regierungen der EU-Mitgliedstaaten, unabhängige Ethikkommissionen, Forschungseinrichtungen und – gezwungenermaßen, wenngleich nicht überzeugend – auch Technologieanbieter mit der Ethik rund um die smarte Maschine. Im Zentrum steht die Frage nach der Verantwortung. Verantwortung bedeutet

„eine Antwort geben“ auf die Fragen: Was ist richtig? Was ist falsch? Oder zugespitzt: Was ist gut und was böse?

In Fragen der Ethik künstlicher Intelligenz gehen die Erkenntnisse und Empfehlungen von Expertengremien schon heute weit über die Visionen und Absichtserklärungen von Technologieunternehmen hinaus. Das kann nicht verwundern. Auf längere Frist, so steht zu hoffen, werden auch die Parlamente über neue Regeln für neue Technologien debattieren und Standards für den bisher weitgehend ungebremsten digitalen Fortschritt schaffen. Denn mindestens in Bezug auf smarte Maschinen kann man unmittelbare Schadensszenarien aufrufen. Ein autonomes Fahrzeug kann sowohl seine Passagiere als auch die Umwelt gefährden. Die Haftungsregeln sind noch immer unklar. Der Einsatz autonomer Drohnen, die sich nicht nur selbst und ohne menschliches Eingreifen steuern, sondern, bestückt mit konventionellen oder atomaren Waffen, auch den Tötungszyklus autonom ausführen, ist bisher gesetzlich nicht geregelt. Deshalb bauen rund dreißig Nationen an „Killerrobotern“, plakativ benannt nach der Abrüstungsinitiative *Killerroboter stoppen.* Dass Nationen nicht auf technologischen Fortschritt verzichten wollen oder können, liegt auf der Hand. Die Frage, welcher Fortschritt verantwortlich ist, muss dennoch beantwortet werden.

Einige Meter auf dem Weg zum verantworteten Fortschritt hat man schon genommen. So wird beim Einsatz künstlicher Intelligenz der Ruf nach menschlicher Kontrolle laut. Das hat Folgen, weil der Mensch höchstpersönlich für die Entwicklung und den Betrieb künstlicher Intelligenz haften muss. Auch können Menschen maschinell diskriminiert werden, wenn künstliche Intelligenz verrauschte, unvollständige oder falsche Daten verarbeitet. Doch auch von einer Maschine erwartet man die Achtung des Antidiskriminierungsgebots. Abhilfe könnten synthetisch erzeugte Datensätze für das Training künstlicher Intelligenz schaffen, aber die Erforschung der Qualität solcher Daten steckt noch in den Kinderschuhen. Maschinen dürfen Menschen auch nicht in ihrer Erkenntnisfähigkeit beeinträchtigen – Social Bots sollen nicht lügen. Maschinen, die (online) lügen, sind schon seit Jahren ein Problem, das sich trotz aller Warnungen immer weiter zuspitzt. Wer die Wirklichkeit verdunkelt, handelt unmoralisch. Dann wäre eine Maschine, die lügt, eine unmoralische Maschine.

Technikphilosophen und Ethiker loten bei der Frage nach verantworteter Technikentwicklung das Vernünftige aus. Juristen hingegen gehen pragmatisch vor. Sie ziehen das bestehende Recht heran, um Verantwortung zuzuweisen. Gibt das bestehende Recht etwas für den Umgang mit Robotern oder künstlicher Intelligenz her? Etwa das Haftungsrecht? Die Umweltvorschriften? Das Strafrecht? Die Grundrechte? Erst dort, wo echte Rechtslücken auftreten, wo Recht nicht mehr ausgelegt oder analog angewandt werden kann, weil die technologische Entwicklung auch disruptiv auf das Recht wirkt, gilt es, diese Lücken zu schließen – dann auch mit dem Verweis auf ethische Überlegungen.

Das allerdings verweist die Reflexion über moralische Maschinen auf die Plätze. Denn es stellt sich die Frage nach dem Verhältnis von fachlicher Kompetenz und politischer Macht. Auch ethische Herausforderungen smarter Maschinen können letztlich nur im Rahmen einer verbindlichen Rechtsordnung gemeistert werden. Die Erkenntnisse und Gutachten noch so wissender und vernünftiger Sachverständiger allein, so zutreffend sie auch sein mögen, entbehren der Legitimität – der des Völkerrechts, des supranationalen Rechts der Europäischen Union, der nationalen parlamentarisch ausgehandelten Rechtsordnung oder regionaler Legitimation. Doch bis zu sieben Jahre kann es dauern, bis etwa die Europäische Union ein Gesetzesvorhaben verabschiedet hat. Mit Blick auf die Geschwindigkeit zwischen technologischem Fortschritt und der Regelung seiner Ergebnisse tut sich also ein zeitlicher Abgrund auf. Deshalb ist die Verlockung groß, inzwischen die Geltung ethischer Grundsätze, die Experten erarbeitet haben, „im Namen der Digitalisierung" auszurufen.

Die Wahrscheinlichkeit, dass ein solches Gebot in der Praxis folgenlos bliebe, ist hoch – und das zu Recht. Ein ähnliches Unterfangen ist in anderem Zusammenhang schon einmal gescheitert: ausgerechnet dort, wo deutsche Rechtsanwälte ihre Berufsethik verhandelt haben. „Deine Ethik ist nicht meine Ethik", lautete ein Einwand. Die Juristen hatten sich deshalb völlig zu Recht auf den Standpunkt zurückgezogen, dass eine übergreifende Berufsethik mit demokratischen Grundsätzen unvereinbar ist, weil sie nicht durch staatlichen Umsetzungsakt an das Recht zurückgebunden ist. Andernfalls fiele der Ethik die Rolle des Danaergeschenks zu, das die Macht der Parlamente unterminiert. Der Vorwurf der Entparlamentarisierung wäre dann nicht mehr von der Hand zu weisen.

Entfalten die zahlreichen Überlegungen zur Ethik smarter Maschinen also keinerlei Wirkung? Ist die Zeitperiode zwischen technologischem Fortschritt und verbindlicher Regelung des Umgangs mit demselben ein Niemandsland und der oft zitierte „Wilde Westen", dem jedes Gesetz fremd ist?

Nicht ganz. Die Ethik smarter Maschinen wirkt implizit; eine zentrale Rolle kann ihr im Verhältnis von Ethik und Recht zukommen. Dem Juristen kann sie als Rechtserkenntnisquelle, als Hilfsmittel zur Auslegung bereits bestehenden Rechts, dienen. Das einzelne Rechtssubjekt – Unternehmen wie Individuum, juristische wie natürliche Person – kann zudem auf die Selbstregulierung zurückgreifen und sich freiwillig ethischen Grundsätzen unterwerfen, indem es sich der Vertragsfreiheit bedient. Ein derartiger Rechtsetzungsakt ist zwar auch dann kein parlamentarischer, ist aber dennoch gültig, weil er auf dem Willen und dem Vertragsschluss der Beteiligten geschieht; er schafft *soft law.* Bloßen Lippenbekenntnissen und oberflächlichen Absichtserklärungen kann die Judikative einen Riegel vorschieben und darauf achten, dass bei Verletzung einer solchen Selbstregulierung auch Konsequenzen drohen. Die Praxis ist nicht neu und wird als Corporate Social Responsibility (CSR) bereits erfolgreich gepflegt. Unternehmen, die gegen ihre CSR-Grundsätze verstoßen, werden hart sanktioniert, wenn sie ihre selbstauferlegten Regeln verletzen. Denn auch als „Recht zweiter Klasse" entwickelt die Selbstregulierung Konsequenzen: *soft law, hard facts.* Ein ähnliches Konzept etwa einer Corporate Digital Responsibility (CDR) wäre immerhin eine vorübergehende Übernahme von Verantwortung für smarte Maschinen.

Auch *soft law* entlastet den Gesetzgeber nicht. Er muss handeln und darf sich seinem Auftrag nicht entziehen, Normen für den Betrieb und den Umgang mit den Maschinen des 21. Jahrhunderts zu schaffen. Dafür sind die Einblicke, wie sie uns Michael Funk mit seiner Buchreihe *Grundlagen der Technikethik* und dem hier vorliegenden ersten Band *Roboter- und KI-Ethik* verschafft, ein wertvoller Schatz; sie sollten Berücksichtigung bei der Gesetzgebung des 21. Jahrhunderts finden. Denn eines steht längst fest: In Zukunft werden wir unseren Planeten mit sehr vielen smarten Maschinen teilen müssen. Schon jetzt tun wir gut daran, unser gemeinsames Zusammenleben auch mithilfe der Wissenschaft verantwortungsvoll zu gestalten.

Yvonne Hofstetter

Vorwort

Haben wir die Technik die wir brauchen? Brauchen wir die Technik die wir haben? Roboter und künstliche Intelligenz fußen auf Computern und Netzwerken der Informationsverarbeitung. Sie sind zu Querschnitttechnologien geworden. Deshalb soll die Darstellung der *Grundlagen der Technikethik* mit einer methodischen Einführung in die Roboter- und KI-Ethik beginnen. Von der ethischer Seite her begegnet die Frage, was denn Roboterethik und KI-Ethik sei? Auf der anderen Seite entstehen zunehmend Initiativen aus der Informatik und den Ingenieurwissenschaften heraus, sich mit den sozialen Folgen technischer Entwicklungen auseinanderzusetzen. Gleiches gilt für das Recht, wie Yvonne Hofstetter im Geleitwort zeigt. Breit ist das private, öffentliche und politische Interesse an einer sachlich fundierten ethischen Debatte zum Umgang mit Robotern, Drohnen und KI. Immer wieder ist mir bei Vorträgen, Seminaren oder Gesprächen der Wunsch begegnet, doch einmal möglichst systematisch aber verständlich zu erklären, was Technikethik ist, welche Rolle Roboter und KI dabei spielen und vor allem, wie in der philosophischen Ethik verfahren wird. Asimovs Robotergesetze oder das Trolleyproblem seien in aller Munde, aber da müsse es doch noch mehr geben. Schließlich betreiben wir Ethik mindestens seit 2500 Jahren – also schon viel länger als wir elektronische Digitalcomputer bauen. Was unterscheidet ein methodisch-systematisches Vorgehen bei ethischen Fragen vom Bauchgefühl des Alltags? Lässt sich in die vielen Begriffe und Konzepte eine Ordnung bringen – vor allem in Anbetracht der explodierenden Literatur? Wo lauern Missverständnisse? Wie lässt sich Ethik sinnvoll in fachübergreifende Fragestellungen integrieren?

Vorliegendes Buch bietet hierzu Antworten und Orientierung, indem Roboter- und KI-Ethik als wissenschaftliche Disziplin mit konkreten Methoden systematisch begründet und ausgearbeitet wird. Es führt also methodisch – nicht bloß thematisch – in die Materie ein. Es ist eng verzahnt mit den 3 folgenden Bänden der Buchreihe *Grundlagen der Technikethik* und steht nicht als punktuelles Schlaglicht ohne Zusammenhang. Damit soll eine Lücke in der aktuellen Debatte geschlossen werden, die mir immer wieder begegnet ist. Gerade zur Unterstützung rationaler transdisziplinärer Gestaltungsperspektiven technischer Entwicklungen ist eine solche methodische Ordnung ethischer Verfahren im Umgang mit Robotern, Drohnen und KI nicht nur eine Forschungslücke, sondern eine drängende Notwendigkeit. Zu diesen Gestaltungsperspektiven zählen nicht zuletzt das Ringen um eine digitale Ökologie – also soziale wie ökologische Nachhaltigkeit im digitaltechnologischen Umgang mit Kultur- wie Naturräumen –, aber eben auch Regulierungsprozesse bis hin zur Kunst glücklicher Lebensentwürfe, die zwischen dem digitalem Humanismus und humanistischer Digitalisierung verhandelt werden wird. Vorliegende Schrift ist ein Arbeitsbuch, dessen theoretischer Anspruch der Praxis ethischen Problemlösens untergeordnet sein soll – nicht umgekehrt. Es bietet die genuin fachphilosophische Perspektive an und lädt zur fachübergreifenden Arbeit ein. Denn nur so ist ethische Praxis möglich, im Angesicht komplexer Probleme, die sich nicht um akademische Fachgrenzen scheren.

Ich danke den Teilnehmer*innen meiner Seminare und Vorlesungen in Wien, Klagenfurt und Dresden für unermüdliche Skepsis, freche Neugier und Mut zum Widerspruch. Gleiches gilt für die zahlreichen Besucher*innen unseres Kaffeehaus-Salons in Wien Hernals.[1] Durch die Gespräche mit Studierenden innerhalb der universitären Mauern – in Philosophie wie in Informatik – sowie in der abendlichen freien Wildbahn bei Rotwein und Käseplatte durfte und darf ich viel lernen. Besonders gedankt sei Christopher Frauenberger und Peter Reichl, den Mitorganisatoren des Salons, für öffentliche und fachübergreifende Dialoge zwischen Philosophie, Informatik und Mathematik – einschließlich Operngesang und Weihnachtsvorlesungen. In diesem Sinne gilt mein Dank für transdisziplinäre Zusammenarbeit auch Bernhard Dieber, Albrecht Fritzsche und Markus Peschl; den Kolleg*innen der Forschungsgruppe Cooperative Systems, Fakultät für Informatik, sowie der Forschungsplattform #YouthMediaLife an der Universität Wien; weiterhin Mark Coeckelbergh, Johanna Seibt und Walther Zimmerli für den regen Austausch zur Technikphilosophie und Ethik; sowie meinen Lehrern Bernhard Irrgang, Thomas Rentsch und Hans-Ulrich Wöhler für das umfassende Wissen, an dem ich während meines Studiums Anteil haben durfte. Yvonne Hofstetter bin ich für das Geleitwort sowie den regen Austausch zwischen Ethik und Recht zu besonderem Dank verpflichtet. Last, not least gilt mein Dank dem Verlag Springer Vieweg und hier konkret Sabine Kathke und David Imgrund für die feine Betreuung, Lektorat, inhaltliche Hinweise, Geduld und Momente des Schmunzelns.

Es bleibt nicht aus – zumindest stellvertretend für die allzu schnell übergangenen Alltäglichkeiten, ohne welche ein solches Buch niemals entstanden wäre –, auch meinem Stammcafé im 9. und Hauswirt im 2. Wiener Bezirk zu danken. Ohne die Hektoliter existenzieller Heißgetränke, blitzgescheite Hausmannskost sowie Arbeitsasyl für mein Notebook und mich wäre ich nicht weit gekommen. Folgerichtig danke ich auch den Pandas – stellvertretend für viele andere – im Tiergarten Schönbrunn für moralische Unterstützung. In vollem Ernst ließe sich die Aufzählung genauso fortführen – ich bin

[1]https://funkmichael.com/homo-digitalis-wiener-kreis-zur-digitalen-anthropologie/.

auch nur ein Mensch. Zu viele bleiben in dieser kurzen Aufzählung unerwähnt, allen voran Familie und Freunde. Ohne sie geht im Leben sowieso nichts.

April des Jahres 2021 im geschlossen aufblühenden und an die Sorge um unsere Fragilität ermahnten schönen Wien.

Michael Funk

Hinweise zur Benutzung

Die Buchreihe *Grundlagen der Technikethik* ist zunächst auf 4 Bände angelegt, die systematisch aufeinander aufbauen und inhaltlich ineinander verzahnt sind. Sie bilden zusammen einen umfassenden Bogen zur Technikethik mit besonderem Blick auf Robotik, Drohnen, Computer und künstliche Intelligenz. Jedes Buch behandelt ein in sich geschlossenes Thema und kann auch unabhängig von den anderen benutzt werden. Wer sich besonders für *Band 4* interessiert, muss nicht unbedingt *Band 1* gelesen haben. Die jeweilige Fokussierung sorgt für die inhaltliche Eigenständigkeit jedes Buchs. Hinweise zur Benutzung und ein jeweils angepasster Anhang erleichtern das Verständnis zusätzlich. Nutzen Sie die darin enthaltene Methoden-Synopsis sowie das Glossar auch als Zusammenfassung und Überblick! Aus didaktischer Sicht, z. B. beim Einsatz in der universitären Lehre oder zum Selbststudium, ist jedoch ein linearer Durchgang durch die Bücher und Kapitel empfehlenswert. So werden die Methoden-Synopsis als auch das Glossar von Buch zu Buch schrittweise weiter entwickelt, sodass sich in *Band 4* eine systematisch gefüllte Zusammenschau ergibt. Vorliegender erster Band gibt eine methodische Einführung in *Grundlagen der Ethik* am Beispiel von Robotern und KI. Die 4 grundlegenden Bedeutungen der Ethik werden anhand ihrer wesentlichen Konzepte vorgestellt und auf Roboter wie KI exemplarisch angewendet. Da Roboter- und KI-Ethik selbst eine Subdisziplin der Technikethik darstellt, wird zusätzlich auf deren Besonderheiten eingegangen. Besonderes Interesse erweckt die neue Perspektive, wonach Moral und Ethik nicht mehr nur menschlich sind, sondern auch in Maschinen vorkommen könnten.

Band 2 widmet sich im Anschluss den Methoden der angewandten Ethik und speziellen Konzepten der Technikethik – wieder unter besonderer Berücksichtigung von Robotik und KI. Hier steht die *ethische Praxis* im Mittelpunkt. *Band 1* und *Band 2* betrachten also Technikethik von der Ethik her. Der folgende *Band 3* dreht die Perspektive herum und wendet sich nun primär den *technischen Herausforderungen* zu. Hierzu werden in Begriffe und Konzepte der Robotik, Drohnen und KI eingeführt sowie gesellschaftliche Problemfelder im Umgang mit diesen Technologien analysiert. Technikethik hat mehr Gegenstände als nur Roboter und Computerprogramme. Jedoch lohnt sich ein Einstieg mit Blick auf gerade diese Bereiche, da es sich hier um Querschnitttechnologien der Digitalisierung handelt. Sie sind aus vielen weiteren technischen Anwendungen unserer Zeit, von Autos über Industrieanlagen und Forschungslabore bis hin zu smarten Staubsaugern, Häusern und Städten, kaum mehr wegzudenken. Es wird eingeladen, über die Verhältnisse zwischen Informatik und Gesellschaft kritisch nachzudenken. *Band 4* knüpft daran an und ist wohl das abstrakteste der 4 Bücher. Hier schließt sich der umfassende Bogen der Reihe in theoretischen Fragen nach Maschinensprache, -verkörperung, -bewusstsein und -autonomie. Damit wird nicht aus der Technikethik herausgeführt, sondern weiter in sie hinein. Denn Sprache, Körperlichkeit, Bewusstsein und Autonomie sind Grundphänomene menschlicher Lebensformen sowie ethische Fachtermini, die zunehmend durch Social Robots, Cobots, künstliche neuronale Netze oder Machine Learning vereinnahmt werden. Was steckt dahinter? Das ist Gegenstand einer umfassenden *kritischen Reflexion.*

- Grundlagen der Ethik in Band 1: *Roboter- und KI-Ethik. Eine methodische Einführung*
- Ethische Praxis in Band 2: *Angewandte Ethik und Technikbewertung. Ein methodischer Grundriss*
- Technologische Herausforderungen in Band 3: *Computer und Gesellschaft. Roboter und KI als soziale Herausforderung*
- Kritische Reflexionen in Band 4: *Künstliche Intelligenz, Verkörperung und Autonomie. Theoretische Fragen*

Zur Gestaltung der Querverweise zwischen den einzelnen Bänden:

Kursive Angaben beziehen sich auf einen anderen als den jeweils vorliegenden Band der Buchreihe. Wenn z. B. im ersten Buch steht *„Band 2, 2.2"*, dann ist das zweite Buch aus der Reihe gemeint und darin das Abschn. 2.2. Nicht kursiv sind die Kapitelverweise innerhalb eines vorliegenden Buchs. Steht also im ersten Buch „Kap. 6", dann ist damit der entsprechende Abschnitt im ersten Buch gemeint. Alle Abbildungen sind stets mit dem Band und der Nummer des dortigen Kapitels, in dem sie präsentiert werden, angegeben, z. B.: „Abb. Band 1 2.1".

Zum Sprachgebrauch:

In vorliegendem Buch wird aus stilistischen Gründen die Bezeichnung in einem Geschlecht angewendet, wenn nicht konkrete Personen gemeint sind. Mal ist von „Ingenieurinnen" die Rede, mal wieder von „Ingenieuren" etc. Das ist Absicht und soll stellvertretend für die Vielfältigkeit menschlicher Geschlechter und Lebensstile Abwechslung bringen. Stets sind dabei alle möglichen Geschlechter oder Lebensstile mit angesprochen, so wie es etwa mit Formeln wie „Ingenieur*innen" oder „Ingenieur|(in)en" alternativ praktiziert wird. Ist von „Menschen" oder „der Mensch" die Rede, sind selbstverständlich ausnahmslos alle Kulturen, Religionen und Ethnien damit gemeint. Insbesondere, wenn es um sachlich absolut begründete Unterschiede und Abgrenzungen zwischen Menschen und Maschinen – nennen wir diese nun „soziale autonome Roboter", „Maschinenlernen" oder „künstliche Intelligenz" – geht, dann ist es besonders wichtig, die vielfältigen Lebensentwürfe und historisch-kulturellen Identitäten hinter dem Wort „Mensch" im Blick zu haben.

Inhaltsverzeichnis

1 Einleitung: Das Nichttechnische zwischen künstlicher Intelligenz und (Post-)Digitalisierung

Zusammenfassung

Dieses Buch ist geschrieben, um einen methodisch geordneten Einblick in ethische Fragen des Umgangs mit Technik – besonders Robotern und KI – zu gewinnen. Es ist der erste Band der Reihe *Grundlagen der Technikethik* und richtet sich ausdrücklich nicht nur an Akademiker oder Fachphilosophen, sondern an jeden, der sich professionell oder privat mit dem gesellschaftlichen Wandel durch diese Technologien beschäftigen möchte. Dabei stehen nicht vorgefertigte Antworten im Mittelpunkt, sondern kritische Begriffsarbeit, rationale Denkanstöße und mögliche Wege zur ethischen Entscheidungsfindung. Angereichert mit Grafiken, praktischen Tipps, Definitionen, Hintergrundinformationen und Aufgaben zum Weiterdenken versteht es sich als Arbeitsbuch, das durch die *Bände 2 bis 4* der Reihe vertieft wird. Zu Grunde gelegt ist eine Unterscheidung in 4 Bedeutungen der Roboter- und KI-Ethik. Diese wird Schritt für Schritt vertieft. So soll ein fachlich fundierter, zugänglicher und zuweilen unterhaltsamer Beitrag zur aktuellen Debatte gegeben werden. Im ersten Kapitel findet ein lockerer Einstieg in das Thema vor dem Hintergrund des (post-)digitalen Wandels statt. Mit durchaus essayistischem Ton kommen einige Facetten der aktuellen Diskussion sowie der Aufbau des vorliegenden Buchs zur Sprache.

Künstliche Intelligenz und Digitalisierung liegen im Trend der öffentlichen und fachlichen Diskussion. Zuweilen wird auch von Postdigitalisierung gesprochen, wo bereits die datengesteuerte Vernetzung von Städten, Häusern, Maschinen und ganzen Gesellschaften abgeschlossen ist, und es nun um die Verhandlung des Umgangs mit den Datenströmen geht. Eine Schlüsselstellung nehmen dabei Computer ein, häufig in Gestalt von Robotern und Drohnen. Denn sie interagieren physisch mit ihrer Umgebung – sei diese eine Industrieanlage, eine Straße, ein Kinderzimmer, Restaurant oder Pflegeheim. Neben prophetischen Szenarien der universal vernetzten Superintelligenz, die sich im Moment

M. Funk, *Roboter- und KI-Ethik*, https://doi.org/10.1007/978-3-658-34666-9_1

der Singularität über die Menschheit erhebt (Bostrom 2017; Shanahan 2015), fordert der Homo digitalis (Capurro 2017) – die selbst schon in Bits und Bytes zerronnene Menschheit – einen sogenannten digitalen Humanismus gegen die Talsohle des Silicon Valley ins Feld (Nida-Rümelin / Weidenfeld 2018).[1] Von tiefgreifenden Veränderungen aller Lebensbereiche bis hin zu einer beispiellosen Revolution reichen die Diagnosen zwischen Big Data, Internet der Dinge, autonomen Robotern und Industrie 4.0 (Schwab 2016). Unser Leben trete in die Phase 3.0 – man beachte auch die präzise Nachkommastelle – ein (Tegmark 2017), verändert durch die vierte Revolution der Infosphäre (Floridi 2015). Auch Städte werden schon als Smart City 3.0 diskutiert. Unsere Zukunft gestalte sich robotisch, zumindest im Angesicht völlig neuer Maschinen (Nourbakhsh 2013) zwischen globalem Klimawandel und massenhafter Arbeitslosigkeit (Ford 2016; Standing 2015). Wir spielen die kollektive erste Geige im umfassend vernetzten Überwachungskapitalismus (Zuboff 2018; Hofstetter 2016). Und selbst unsere Moral verrinnt in einer Maschinenethik zum mechatronischen Datenbestand (Misselhorn 2018). Die verheerende Pandemie um das 2019/2020 entfesselte Coronavirus und seine Mutanten zwingt ins Homeoffice und lässt Videoplattformen wie Telekonferenzen boomen. Keine Frage, wir leben in einer Zeit schneller technologischer und sozialer Entwicklungen, ökologischer wie gesundheitlicher Herkulesaufgaben. Aber: Was ist daran wirklich neu? Und worauf wollen wir die ganze Zeit einschlagen, während wir die Ethikkeule schwingen? Haben wir uns eigentlich einmal genau angesehen, was wir da so farbenfroh zwischen Verantwortungszuschreibung und Haftung, zwischen Kollateralschäden und Menschenrechten trendig in die Luft strecken?

Wie kommen wir auf die Idee, dass z. B. Entdeckungen ganzer Kontinente in der frühen Neuzeit – ohne jedes GPS, adäquate Seekarten, Verbrennungsmotoren, Stahl und Kunststoffe, geschweige denn das naturwissenschaftliche, biologische, medizinische und geologische Wissen unserer Zeit – nicht mindestens genauso umwälzend wirkten wie künstliche Intelligenz und Digitalisierung heute? Ist es nicht gerade faszinierend, dass wir sozusagen auf den Schultern von Riesen stehen, die ohne Industrieroboter und selbstfahrende Autos den Planeten umrundeten, und ihn ohne Drohnen und Satelliten vermessen konnten? Wir sollten auch einmal den Schritt zurück wagen und uns nicht immer nur fragen: „Was können wir heute alles so viel besser als früher?", sondern: „Was war früher alles möglich mit einfachsten technischen Mitteln – ohne Computer und Smartphone, ohne Glasfaserkabel und riesige Verkehrsflieger mit Autopiloten?" Wie revolutionär wäre für uns heute bereits eine Welt ohne jeden Roboter, gar ohne das Internet? Wollen wir unseren Schritt in die Zukunft verstehen, ist es wichtig, das Standbein zu kennen. Tänzerinnen und Sportlerinnen wissen das nicht erst seit dem 21. Jahrhundert. Auch wenn wir uns sprechend voran bewegen und neuerdings von „autonomen Robotern" oder „künstlichem Bewusstsein" reden, gehen wir den Schritt nicht ohne

[1] https://dighum.ec.tuwien.ac.at/wp-content/uploads/2019/07/Vienna_Manifesto_on_Digital_Humanism_DE.pdf

festen Halt des zweiten Fußes – denn hingefallen sind wir, nehmen wir dies einfach mal an, noch nicht. Gleiches gilt für eine Unterhaltung mit unserem Auto, Staubsauger oder Computer. Unsere Worte, ihre Verwendungsweisen und Bedeutungen rühren aus der Vergangenheit her und schließen uns so zuallererst den Sinn des Zukünftigen auf. Roboter und Drohnen erobern keine Tabula rasa – keine unbeschriebene Welt –, sondern müssen sich als Mittel in Jahrtausende gereiften menschlichen Kulturen bewähren.

In der Astrophysik ist seit 1964 die kosmische Hintergrundstrahlung belegt. Zuerst noch als vermeintlicher Fehler im Testbetrieb einer neuen Antenne gedeutet, offenbarte sie sich als das eigentliche Messergebnis und brachte ihren Entdeckern – Arno Penzias und Robert Woodrow Wilson – 1978 den Nobelpreis ein. In ähnlicher Weise durchdringt eine kulturhistorische Hintergrundstrahlung unsere technische Welt. Sie flimmert aus der Vergangenheit durch die Gegenwart und deutet grobe Züge zukünftiger Potenziale und Risiken. Wir stehen eben auch sprachlich und in unserem Denken auf den Schultern von Riesen. Bleibt deren Position unbekannt, so begreifen wir auch unsere eigene Perspektive nicht. Soziale Traditionen und Überlieferungen bilden quasi das stille Inertialsystem unseres technologischen Blicks. Es gestaltet sich zum Kaleidoskop, durch welches wir Prozesse wie künstliche Intelligenz und Robotik regelmäßig fragmentiert betrachten, da sich zum einen bestimmte Unruhen wiederholen: Was wird aus unserer Arbeit? Wer pflegt mich im Alter? Dürfen wir mit Drohnen auf andere Menschen schießen? Was weiß mein Social-Media-Account noch nicht über mich? Wie sicher sind meine Daten? Bis hin zu: Welche politische Rolle spielt Mitteleuropa in der digitalen Globalisierung des 21. Jahrhunderts? Wie prägen Klimawandel und Digitalisierung wechselwirkend die ökonomischen Entwicklungen der freien Wirtschaft, aber auch von Staaten und Kommunen? Brauchen wir eine handlungsfähigere UN, um die globalen technischen Risiken auch global zu regulieren? Wie gehen wir mit globalen Gesundheitskrisen – Pandemien wie COVID-19 – um? Welche Chancen und Risiken bergen Homeoffice, Online-Telkos, aber auch wissenschaftliche Modellbildungen in der Virologie? Wenn anorganische Roboter nicht erkranken können, gibt es dann Gründe, sie nicht bei der Behandlung von Infektionskrankheiten einzusetzen? Etc., etc.

Das zyklische Mantra der technologischen Verunsicherung zerfließt zum anderen in sprachliche Bruchstücke, die uns an die Grenzen sinnvollen Redens treiben. Einmal sind Roboter „autonom", dann wieder Menschen, künstliche Intelligenz trifft „autonome" Entscheidungen in Bereichen der Unternehmensführung „freier" Marktwirtschaftlerinnen und auch der Rechtsprechung ist Autonomie ein Begriff. Pflegeroboter betreiben wir im Anbetracht der Patientenautonomie. Autonomie? – Ja, was denn nun?! Ein Wort, manch altes, manch neues, viel Missverstehen. Dieses Schicksal erfuhr in abgeschwächter Form schon vor Jahrzehnten ein Nagetier, welches neben seiner Bedeutung als Kosename mittlerweile auch zum besten Freund der Tastatur wurde. Wir wissen nicht genau, welche Rolle Mäuse bei der massenhaften Bedienung von Robotern im Alltag spielen werden. Denn andere Schnittstellen wie das Sprachinterface, Displays oder Smartphones stehen zur Alternative. Jedenfalls erblicken wir einen Brennpunkt aktueller Entwicklungen gebündelt um Roboter. Sie basieren auf Computertechnik und künstlicher Intelligenz bis hin zu selbstlernenden Algorithmen, auf der Basis von mannigfaltigen Sensordaten und Big-Data-Analysen. Sie sind Teil des sich stetig verdichtenden technologischen Vernetzungswirbels. Gleichzeitig sprechen sie uns als Homo digitalis an. Roboter erscheinen in Menschengestalt, als Problemlöser mit Armen und Beinen oder als androide Kopien einzelner Individuen. In Literatur und Film lenken wir uns durch sie vom Arbeitsalltag mit Industriemaschinen ab. Provozieren digitale Medien mit der Verschmelzung von Cyberwelten und menschlichem Alltag in 3D-Brillen oder vor dem Tablet das Menschenbild im Datenraum, so führen humanoide Roboter unser Spiegelbild ganz materiell vor Augen.

Sie erscheinen nicht als winzige Nanopartikel oder unsichtbarer Rechenstrom. Roboter sind perfekte Projektionsflächen im sinnlichen Idealbereich unserer visuellen und sozialen Statur. Datenwelten werden durch Roboter und Drohnen verkörpert – manchmal äußerlich vermenschlicht, zuweilen aber auch kriegerisch entmenschlicht. Und das ist dann eben auch nur die sichtbare Oberflächentruktur komplexer technologischer Systeme die quasi unsichtbar in den Tiefentexturen rechnen und rotieren. Robotik gilt nicht nur als eine Schlüsselindustrie, sie stellt auch einen Kulminationspunkt von künstlicher Intelligenz und Digitalisierung dar. Unser Menschenbild und unsere gesellschaftliche Ordnung werden herausgefordert wie schon bei der Sesshaftwerdung und originalen industriellen Revolution. Die Auseinandersetzung mit den *Grundlagen der Technikethik* soll darum im vorliegenden ersten Band mit besonderem Blick darauf eröffnet werden. Doch zu einem ethischen Blick gehört auch die Frage nach dem, was nicht so laut gesagt wird: Was könnte neu sein und darum den besonderen Blick erzwingen? Oder anders gefragt: Liegt die wahre Verantwortungslosigkeit nicht in der Ablenkung der Aufmerksamkeit von den realen drängenden Problemen? Umwelt- und Naturschutz, begrenzte Ressourcen, Ernährung einer wachsenden Weltbevölkerung, unzählige kriegerische Konflikte weltweit, von denen man in den Medien schon gar nichts mehr hört – das wären einige Beispiele. Sind da menschenähnliche bewegliche Puppen wirklich so bedeutsam? Zumal sie in Mythologie, Religion und Science-Fiction längst schon bekannt sind, die Mensch gemachten Kunstwesen – vom Golem über Frankenstein bis hin zu Čapeks „robot". Anfang des 18. Jahrhunderts blühte in Europa eine mechanische Automatenkultur. Jacques de Vaucansons automatische Ente von 1738 sorgt für Aufsehen wie auch der mechanische Schachtürke von Wolfgang von Kempelen aus dem Jahr 1769. Die Figur des Schachspielers wurde jedoch durch einen verborgenen Menschen unterhalb der Abdeckung bewegt. Und so lauert wohl in manchem vermeintlich „autonomen" Roboter auch heute noch ein Schachtürke.

Seit dem frühen 20. Jahrhundert wurden Menschen im Apparat zu allem Überfluss auch noch terminologisch von Insekten verdrängt, sodass sich besonders seit 2 Jahrzehnten das Wort „Drohne" für ferngesteuerte Fahrzeuge eingebürgert hat. Das alleine wäre ein recht banales ethisches Problem, welches die aktuelle Konjunktur moralischer Fragen im Umgang mit Robotern und KI nicht erklärt. Sicherlich, auf Wellen surft es sich gut. Auch das mag manche Publikation über Roboterethik und moralische Maschinen erklären. Sehen wir auf das zweite Begriffspaar. Wir haben die Worte schon justiert, um durch sogenannte künstliche Intelligenzen eventuell technische Geräte mit der Fähigkeit zur Moral auszustatten. Manche Fiktion nähert sich in bizarrem Tempo. Tiere und Pflanzen waren uns stets mal mehr, mal weniger wertvoll. Jedoch die Ethik blieb von Menschen für Menschen gemacht. Entwerfen wir sie bald für Maschinen? Sind uns Tiere und Pflanzen dann weniger wert? Oder umgekehrt: Vielleicht haben künstliche Intelligenzen, verkörpert in Robotern, einen Rationalitätsvorsprung – wir sollten sie vielleicht nutzen, um Ethik und Moral für uns zu gestalten? Umweltprobleme, Ressourcenverbrauch, Hunger, Krankheit und Krieg würden endlich wirklich rational angegangen. Ein eigentümlicher Perspektivwechsel verführt am Horizont das wünschende, jedoch endliche Menschsein: Neben transhumanistischer Unsterblichkeit lockt der unbedingte Glaube an technischen Fortschritt als Heilsbringer mit sozialem Füllhorn. Erwartungen dieser Art sind nicht neu. In der europäischen Geschichte wurde an die Lösung des Fortschritts durch Fortschritt schon öfters geglaubt. Der Ausgang manch technologischer „Erlösung" hat sich brutal eingebrannt.

Aber zu hart am Wind der Science-Fiction muss niemand segeln, um auch die andere Seite der Medaille zu erkennen. Wahrscheinlich sind und bleiben Menschen auf absehbare Zeit die einzigen moralfähigen Wesen. Das ist keine Beruhigung, sondern eine beunruhigende Verpflichtung. Verpflichtung muss nicht einmal den erhobenen Zeigefinger der Kanzelpredigt meinen. Es reicht schon schlicht der evolutionäre Druck auf Arterhaltung durch Anpassung. Was animalisch klingt, lässt sich – hier darf nun jeder entscheiden ob sie/er an die Evolution glaubt oder nicht – einfach als Sozialverhalten in einer robotisierten Umwelt zuspitzen. Wir Menschen sind nicht nur vernunftbegabte tendenziell rationale Wesen, wir leben und überleben gemeinschaftlich. Zunehmend erscheinen Maschinen von der Altenpflege bis hin zur Pädagogik, vom operativen Eingriff bis hin zur Verbrecherjagd durch Drohnen als Mittel unserer gelebten Gemeinschaftlichkeit. Sogenannte soziale Roboter interagieren mit ganz normalen Bürgerinnen außerhalb industrieller Anlagen und jenseits des Primats ausgebildeter Fachkräfte. Das führt zu Sicherheitsbedenken aller Art. Datenschutz und Privatheit sind zu Recht ethische Gemeinplätze unserer Zeit geworden. Der Konflikt ist immanent und lässt sich aus der Gleichung nicht heraus kürzen: Ein gut funktionierender Roboter muss schon aus Gründen der Zweckdienlichkeit und physischen Sicherheit mannigfaltige Sensordaten erfassen und speichern. Die Kollision mit Ansprüchen des Datenschutzes und der Datensicherheit ist unausweichlich. Wir haben uns einen ethischen Wertekonflikt par excellence bis in die kritischen Infrastrukturen unserer Städte hinein gelegt. Troja, du bist schon ein einziger Pferdestall.

Viel mehr ließe sich in diesem Ton paraphrasieren. Durch das Kaleidoskop unserer kulturellen Hintergrundstrahlungen erscheint eine fragmentierte Situation, deren Beschreibung lange zu beschäftigen weiß. Vorliegendes Buch, wie auch die vierbändige Reihe, ist geschrieben aus der Einsicht, dass wir dieser Vielfältigkeit sowohl mit Vielfalt als auch mit methodischer Präzision begegnen sollten. Die moralischen und ethischen Probleme im Umgang mit Robotern, Drohnen und KI, aber auch die Frage nach moralischen Maschinen, lassen sich nur über Fachgrenzen hinweg lösen. Nehmen wir einmal an, dass wir tatsächlich gerade eine technologische Tiefenwirkung in Folge einer beispiellosen Revolution erleben. Dann stecken wir in einer ordentlich riskanten Krise. Technik ist dafür nicht die Lösung, sondern Sozialverhalten. Gelingende Gemeinschaftlichkeit ist und bleibt der Prüfstein nützlicher Technologien. Gleiches gilt auch für die Bewertung von Robotern, Drohnen und KI. Darum wendet sich die Reihe *Grundlagen der Technikethik* ausdrücklich an ein breites Publikum. Er ist geschrieben aus fachphilosophischer Perspektive im Bewusstsein, dass Fachphilosophie allein zur Bearbeitung aktueller ethischer Fragen im Umgang mit Technik nicht reicht. Auf der anderen Seite fällt die Einordnung ethischer Fragen jenseits schwankender Stammtischmoral nicht immer leicht. Nicht nur Ingenieure und Informatiker werden in ihrem Arbeitsalltag mit moralischen Konflikten rund um Roboter und Drohnen konfrontiert. Bohrend sticht die Verantwortungsfrage, das Problem des Datenschutzes und die Ungewissheit, ob die Folgen des eigenen Schaffens doch nicht absehbar zum Wohle der Mitmenschen ausfallen.

Vorliegendes Buch möchte einen Beitrag zur methodisch geordneten, für Nichtfachphilosophinnen verständlichen und notwendig interdisziplinären Auseinandersetzung mit moralischen und ethischen Fragen rund um das Thema Roboter und KI leisten. Es spielt den Aufschlag, bildet den ersten Überblick, der in den folgenden 3 Bänden der Reihe systematisch vertieft wird. Angestrebt ist ein Spagat zwischen begrifflichem und methodischem Tiefgang auf der einen Seite und möglichst neutraler Praxistauglichkeit auf der anderen. Wer die großen Antworten auf die großen Fragen sucht, wird jedoch nicht fündig. Es wäre ein anmaßender Selbstwiderspruch, den methodischen transdisziplinären Zugriff zu versprechen und dann im Alleingang das Feld zu bestellen. Viele Fragen ergeben sich aus der jeweiligen Anwendung heraus und sind im Vorhinein schwer abzusehen. Die hierfür notwendige Verfahrensoffenheit soll nicht durch eine selbstgerechte Kanzelpredigt verdeckt werden. Teilweise wird der angestrebte Spagat zu etwas trockenen Begriffsdefinitionen führen – im Interesse der Klärung und Systematisierung unseres Kaleidoskops. Andere Passagen könnten regelrecht banal wirken durch den Versuch auch praxistaugliche Faustregeln einzuschließen. In jedem Fall soll zum orientierten Selber-Denken angeregt werden. Nicht nur im Anbetracht der komplexen Problemlagen, sondern auch deswegen werden mehr Fragen aufgeworfen, als beantwortet. Es geht vor allem um einen Beitrag zum systematisch und begrifflich geordneten Überblick sowie um Anschlusspunkte methodischer transdisziplinärer Weiterführung. Ein wichtiges Mittel hierzu sind sprachkritisch erarbeitete übersichtliche Darstellungen, Heuristiken, Tabellen und Schemen. Mit abgeglichener Sprache fängt gelingendes Problemlösen an.

In den *Grundlagen der Technikethik* wird das Pferd buchstäblich von hinten aufgezäumt, indem die Begriffe Technik, Roboter, Drohne und künstliche Intelligenz sowie verbundene theoretische Fragen erst in den *Bänden 2, 3 und 4* behandelt werden. Die technischen Schlüsseltermini bleiben in vorliegendem ersten Band konstruktiv unterbestimmt, da sie sich nicht eineindeutig definieren lassen – worüber übrigens breiter Konsens herrscht. Um jedoch methodisch nicht im Trüben zu fischen, erfolgt der initiale

Zugriff über das Begriffsfeld der Ethik. Nicht nur sprachlich wird es bereits seit zweieinhalb Jahrtausenden – den Anfängen der schriftlich greifbaren Quellen antiker Philosophie – ausgeleuchtet. Was kann z. B. eine *Roboterethik* oder eine *KI-Ethik* sein, in welcher sich die beiden Worte Roboter und Ethik so eigentümlich verbinden? Um kein Begriffschaos auftreten zu lassen wird peu á peu vom Bekannten her auf das weniger Bekannte bzw. weniger eindeutig Definierte hingearbeitet. Hierzu unterscheiden wir zuerst 2 Ebenen und 4 Bedeutungen der Roboter- und KI-Ethik, um zu verstehen und zu strukturieren, was wir eigentlich meinen, wenn wir von Moral, Ethik oder Robotergesetzen sprechen. Jeder der 4 Bedeutungen ist ein eigenes Kapitel gewidmet (Kap. 2–5). Aus ihnen speist sich der vorliegende erste Band der *Grundlagen der Technikethik*. Gemeinsamkeiten und Unterschiede werden herausgestellt sowie Informationen über unser Verhältnis zur belebten und unbelebten Umwelt, den Begriff des Lebens, ethische Theorien und die berühmten Asimovschen Robotergesetze ineinander geführt. Viele inhaltliche Fässer öffnen sich notwendigerweise bereits im ersten Teil, der ein insgesamt propädeutisches Anliegen verfolgt: begrifflich die Leinwand zu grundieren, um die Kontraste des folgenden Farbauftrags klar zu differenzieren.

Ein Überblick der genuinen Arbeitsfelder des ethischen Nachdenkens über den Umgang mit Robotern, Drohnen und KI – einschließlich der Technikfolgenabschätzung – findet in Kap. 6 seinen Platz, wie auch Hinweise zu ausgewählten Vertreterinnen und Vertretern der reichhaltigen Gegenwartsdebatte. Damit ist der Bogen des ersten Bands geschlossen. Vertiefend werden in *Band 2* weitere Fässer bzw. Farbtuben geöffnet. In *Band 2, 1–2* das der angewandten Ethik, in *Band 2, 3–4* das der ethischen Technikbewertung. Technikethik wird also im vorliegenden ersten Teil der Buchreihe mit besonderem Blick auf Roboter und KI grundiert und in *Band 2* koloriert. Bis zu diesem Punkt stand die ethische Seite der Medaille im Mittelpunkt. *Band 3* behandelt vertiefend die technische Seite: Roboter, Drohnen und künstliche Intelligenz. *Band 4* wendet sich darauf aufbauend theoretischen Fragen des Wissens, der Sprache, der Verkörperung, des Bewusstseins und der Autonomie zu. Die Reihe *Grundlagen der Technikethik* besteht also, vorerst, aus 4 systematisch ineinander verzahnten Teilen mit diversen Querverweisen. Ihre Reihenfolge ergibt sich aus inhaltlichen sowie didaktischen Motiven. Die Reminiszenzen zwischen den Abschnitten sind der Strukturierung eines komplexen Gegenstands geschuldet. Jedoch behandelt jedes der 4 Bücher einen in sich geschlossenen thematischen Bogen, sodass sie nicht zwingend alle nacheinander gelesen werden müssen. Jeder Band kann für sich alleine stehen und nach Bedarf durch die anderen vertieft werden. Für eine geordnete Einführung in den Stoff, besonders bei wenig Vorwissen, wird jedoch die lineare Reihenfolge empfohlen. Hierzu wurde ein übergreifender Spannungsbogen gewählt, durch den bereits Gelesenes peu à peu vertieft und weiterentwickelt wird. Auch die inhaltliche Komplexität steigt langsam von Abschnitt zu Abschnitt und von Buch zu Buch an.

Die Analyse der vielen gegebenen Beispiele ist nicht allumfassend, das ist in der gebotenen Kürze der Darstellung sowie Größe der Gegenstände nicht zu erwarten. Es sollen jedoch mögliche Wege bei der Beantwortung ethischer Fragen im Umgang mit Technik konkret skizziert werden. Das dient der praktischen Demonstration der theoretischen Grundlagen, wie auch einer über vorliegende Buchreihe hinausweisenden transdisziplinären Bearbeitung der Themen in beruflichem und privatem Alltag. Im Endeffekt geht es – ein letztes Mal bildlich gesprochen – gar nicht primär um das Öffnen aller möglichen Fässer, sondern noch viel mehr um das gezielte Ausquetschen von Farbtuben. Was da einmal raus ist, das bekommt man nicht wieder hinein. Gut so, im Angesicht neuer Technologien gibt es gesellschaftlich viel zu tun. Ethik ist eine beunruhigende Verpflichtung und zuweilen mühsam. Spaß macht das trotzdem – besonders, wenn es um so hoch spannende Maschinen wie Roboter, Computer oder künstliche Intelligenz geht.

Conclusion

Roboter und künstliche Intelligenz sind Schlüsseltechnologien unserer Zeit. Zusammen mit Digitalisierung und globaler Vernetzung lassen sie keinen Bereich unseres Lebens, Fühlens, Denkens und Handelns unberührt. Darum stehen wir vor einer Ansammlung neuer allumfassender technischer, ökonomischer und politischer Revolutionen. – Ist das wirklich so? Fakt ist: Jede Technik erhält ihre Bedeutung im Gebrauch. Fakt ist auch: Erstmals sprechen wir verbal und gestisch mit Maschinen, welche uns antworten – statt bloß die Signale anderer Menschen nachrichtentechnisch *direkt* zu übermitteln. Übermittelt ein von Menschen programmierter „moralischer", „autonomer" und „sozialer" Roboter in Wahrheit nicht auch bloß menschliche Signale, diesmal *indirekt*? Es sind Fragen wie diese, welche die Brisanz einer Roboter- und KI-Ethik vor Augen führen. Was wissen wir über die so bezeichneten Maschinen, wie sollen wir sie nutzen, und dürfen wir sie mit Moral und Ethik ausstatten, wenn wir es könnten? Was ist mit den sozialen Folgen, der Veränderung unserer Arbeitswelt, der Kriegsführung und Medizin? Roboter sind Informationstechnologien. Ist das Problem des Umgangs mit persönlichen Daten – einschließlich der Angst vor einer weiteren Monopolisierung der Metadaten durch wenige Technologiekonzerne – nicht drängender als die Spekulation über moralische Superintelligenz? Apropos: Wie sieht es eigentlich mit der Zukunft unserer Umwelt und unseres Planeten aus? Ist eine Roboterethik ohne Umweltethik überhaupt sinnvoll, oder wenigstens möglich? …

Die *Grundlagen der Technikethik* sind geschrieben, um sprachlich geordnet und mit systematischem Anspruch einen orientierungsbildenden Beitrag in einem verwirrend aktuellen Dickicht zu leisten. In 4 Bänden und insgesamt 21 Abschnitten wird eine verständliche Einführung in das Problemfeld aus fachphilosophischer Perspektive angeboten, wobei jedes Buch auch für sich steht. An vielen Stellen sind zum besseren Verständnis konkrete Beispiele, grafische Übersichten, Definitionen, Hintergrundinformationen, Tipps und Tabellen eingefügt. Jeder Band versteht sich als Arbeitsbuch, gerichtet an ein breites Publikum, da wir die ethischen und moralischen Fragen neuer Technik nicht im Alleingang beantworten können. Nicht vorgefertigte Antworten, sondern methodische Wege zur rationalen Antwortfindung stehen im Mittelpunkt. Hierzu werden im vorliegenden ersten Teil der Reihe 2 Ebenen und 4 Bedeutungen anhand der Roboter- und KI-Ethik erklärt. Maschinen als Objekte unseres ethischen Urteilens, wie auch als Subjekte von Moral, Ethik und der Befolgung von Gesetzen stehen im Mittelpunkt. *Band 2* vertieft die wesentliche Klärungsarbeit des ersten Teils mit besonderem Blick auf die Anwendungsfragen ethischer Technikbewertung. Begriffe und Konzepte der Robotik und künstlichen Intelligenz werden in *Band 3* zusammengefasst und mit Blick auf gesellschaftliche Problemfelder weitergedacht. Den (vorläufigen) Schluss der Reihe bildet *Band 4*. Hier werden theoretische Fragen künstlicher Intelligenz, ihrer Verkörperung und Autonomie vertieft.

Literatur

Bostrom N (2017) Superintelligenz. Szenarien einer kommenden Revolution. 2. Auflage. Suhrkamp, Berlin

Capurro R (2017) Homo Digitalis. Beiträge zur Ontologie, Anthropologie und Ethik der digitalen Technik. Springer, Wiesbaden

Floridi L (2015) Die 4. Revolution. Wie die Infosphäre unser Leben verändert. Suhrkamp, Berlin

Ford M (2016) The Rise of The Robots. Technology and the Threat of Mass Unemployment. Oneworld Publications, London

Hofstetter Y (2016) Das Ende der Demokratie. Wie die Künstliche Intelligenz die Politik übernimmt und uns entmündigt. Bertelsmann, München

Misselhorn C (2018) Grundfragen der Maschinenethik. Reclam, Stuttgart

Nida-Rümelin J / Weidenfeld N (2018) Digitaler Humanismus. Eine Ethik für das Zeitalter der Künstlichen Intelligenz. Piper, München

Nourbakhsh IR (2013) Robot Futures. MIT Press, Cambridge MA / London

Schwab K (2016) Die Vierte Industrielle Revolution. Pantheon, München

Shanahan M (2015) The Technological Singularity. MIT Press, Cambridge MA / London

Standing G (2015) Prekariat. Die neue explosive Klasse. Unrast, Münster

Tegmark M (2017) Leben 3.0. Mensch sein im Zeitalter Künstlicher Intelligenz. Ullstein, Berlin

Zuboff S (2018) Das Zeitalter des Überwachungskapitalismus. Campus, Frankfurt a. M.

Roboter- und KI-Ethik als philosophische Disziplin (Bedeutung 1)

2

Zusammenfassung

Zur Annäherung an die vielfältigen Fragen der Roboter- und KI-Ethik wird in diesem Kapitel eine erste Definition vorgestellt, welche gleichzeitig die erste von 2 Ebenen bildet. „Ethik der Roboter und KI" bezeichnet im Genitivus obiectivus diejenige Ethik, deren besonderes Objekt Roboter und KI darstellen. Sie ist auf der ersten Ebene von Menschen für Maschinen gemacht und nicht umgekehrt (zweite Ebene). Zuerst wird zum besseren Verständnis gezeigt, wo Roboter- und KI-Ethik in einem idealen Stammbaum der Wissenschaften zu finden ist, um diesen gleich im folgenden Abschnitt wieder fachübergreifend zu öffnen. Denn die vielen transdisziplinären Bezüge lassen in der Praxis keinen idealen disziplinären Tunnelblick zu. Um die eigentlichen ethischen Arbeitsformen herauszuheben, wird auf den philosophischen Hintergrund eingegangen, auch im Vergleich zu ingenieurtechnischen und naturwissenschaftlichen Methoden.

Sprechen wir zur einfachen Orientierung zunächst von „Roboterethik" und denken uns künstliche Intelligenz (KI) dabei immer hinzu. Im vorliegenden ersten Band der Buchreihe *Grundlagen der Technikethik* soll es um Methoden der Ethik gehen. Eine genaue Unterscheidung von Robotik und KI erfolgt detailliert in *Band 3*. Also: Was ist Roboter*ethik*? Eine erste Definition kann so aussehen: **Roboterethik ist eine wissenschaftliche Disziplin, genauer ein philosophisches Teilgebiet der Technikethik, in dem der Einsatz von Robotern als Mittel zur Erfüllung von Zwecken als moralisches Handeln reflektiert wird.** Im Sinne des Genitivus obiectivus wird die „Ethik der Roboter" nicht verstanden als etwas, das Roboter selber haben oder können, sondern als **von Menschen gemachte Ethik** mit dem besonderen Gegenstandsbereich, dem inhaltlichen Objekt, der Robotik *(Band 3, 1)*. Hierzu gehören auch Drohnen *(Band 3, 3)*. Eng verbunden, aber doch als konkrete Technologie eigenständig ist KI *(Band 3, 4)*. Mit der Definition durch

M. Funk, *Roboter- und KI-Ethik*, https://doi.org/10.1007/978-3-658-34666-9_2

den Genitivus obiectivus ist sowohl die **erste Bedeutung** der Roboterethik gegeben, als auch die **erste Ebene** abgesteckt. Wir werden die methodischen Grundlagen hierzu in *Band 2* vertiefen. In vorliegendem Buch geht es zunächst um die außerordentlich zentrale Unterscheidung der 4 allgemeinen Bedeutungen (Funk 2020). Denn es gibt nicht *die* Ethik, sondern es lohnt ein genauer Blick darauf, was wir eigentlich meinen, wenn von Ethik gesprochen wird. In Kap. 3, 4 und 5 stehen darum die 3 weiteren Bedeutungen der Roboterethik auf der zweiten Ebene des Genitivus subiectivus im Mittelpunkt. Zunächst schauen wir jedoch auf den aktuellen Stammbaum wissenschaftlicher Disziplinen. Disziplinen wandeln sich und eine solche Verortung hat nur vorläufigen Charakter. Sie kann aber auch, wie in unserem Fall, zur übersichtlichen Darstellung beitragen.

2.1 Im idealen Stammbaum der Wissenschaften

Roboterethik ist unser Blatt am Baum der Wissenschaften. Es hängt am Zweig der **Technikethik** – über den auch das *Handbuch Technikethik* umfassend informiert (Grunwald Hg. 2013; 2. Auflage erscheint 2021, herausgegeben von Armin Grundwald und Rafaela Hillerbrand[1]) – und dieser wiederum zusammen mit anderen Zweigen wie Umweltethik oder Medizinethik am Ast der **angewandten Ethik.** In die Rinde dieses Astes eingeritzt findet sich das Wort **Bereichsethiken.** Wir haben es hier mit ethischen Subdisziplinen zu tun, die einen hohen Anwendungsbezug in konkreten Situationen aufweisen. Allgemeine moralphilosophische Grundsätze sollen auf oftmals nicht vorhersehbare Einzelfälle angewendet werden. Die abstrakte und fundamentale Auseinandersetzung mit der Begründung ethischer Theorien tritt dabei in den Hintergrund. Es gilt, unter Unsicherheit und Zeitdruck moralische Entscheidungen treffen zu können. Die konkreten Fälle lassen sich nach Bereichen gliedern. Sie können z. B. in den Bereich der Wirtschafts-, Forschungs-, Medizin-, Tierschutz-, Umwelt- oder Technikethik fallen. Sie erzeugen normative Probleme, die nicht im akademischen Fach der Philosophie wurzeln, sondern im realen und von Zufällen durchdrungenen menschlichen Alltag.

Hierzu werden für jeden Bereich moralische Grundkonflikte benannt und Lösungsvorschläge sowie Abwägungen mit dazugehörigen Begründungen vorgeschlagen. Auf dem Ast der angewandten Ethik findet sich darum auch das Wort Bereichsethik eingeritzt. Der angewandten Ethik ist ein gewisser **Pragmatismus** eigen. Demnach steht die Dringlichkeit der Problemlösung über fundamentalen Fragen der Letztbegründung. In unserem Fall bezieht sich der ethische Pragmatismus auf den Umgang mit Robotern und KI. Wir befinden uns also in der angewandten Ethik (Vertiefung in *Band 2, 1*) im Bereich der Technikethik (Vertiefung in *Band 2, 3*), welcher mit der Technikfolgenabschätzung (Abschn. 6.1) im weiteren Sinne interdisziplinär zusammenhängt und sich als Roboterethik

[1] https://www.springer.com/gp/book/9783476049001

durch charakteristische Aufgaben und Bereichsmerkmale auszeichnet (Abschn. 6.2; siehe hierzu auch den erweiterten Problemaufriss der Technikethik in *Band 2, 5*).

Der Ast der angewandten Ethik mündet wiederum in einen größeren Ast: **Ethik.** Aus diesem sprießen neben der angewandten Ethik weitere Triebe wie Metaethik, Moralbegründung, Systematik ethischer Positionen oder Geschichte der Ethik. Auf diesen anderen Ästen haben dann auch die fundamentalen Aspekte ethischer Theoriebildung und Letztbegründung Platz – die aufgrund der Dringlichkeit in der angewandten Ethik zunächst hintenangestellt bleiben. So untersucht die **Metaethik** z. B. die Sprache und Logik, das heißt vor allem die formale Struktur und Schlüssigkeit, ethischer Argumente und Erkenntnisse (Rüther 2015). In der **Moralbegründung** geht es um die konkreten Positionen, durch welche moralische Urteile oder Prinzipien gerechtfertigt werden. Ethische Positionen gibt es viele und deren **Systematik** ist eine eigene Herausforderung. Dieser Ast verzweigt sich darum auch wieder in mehrere kleinere, wie z. B. in deontologische Ethik (Pflichtenethik), Utilitarismus, Tugendethik, Diskursethik oder Emotivismus (Birnbacher 2007; Fenner 2008; Höffe 2013; Ott 2005; Pieper 2017; Ricken 2013).

Daneben befindet sich die **Geschichte der Ethik.** In ihr wird nicht so sehr die Systematik der ethischen Positionen erforscht, sondern die historische Dynamik, in welcher diese über Jahrhunderte entwickelt, in Worte gefasst und argumentativ belegt oder widerlegt wurden (Schmid Noerr 2006). So wird z. B. die Position des Utilitarismus auch heute noch mit Bezug auf John Stuart Mill und Jeremy Bentham diskutiert. Im Fall der deontologischen Ethik kommt eine Debatte nicht ohne historische Schriften von Immanuel Kant aus und wenn es um Tugendethik geht, dann wird gar über 2000 Jahre zurückgegriffen auf Aristoteles. Sehen wir weiter den Baum der Wissenschaften an und zoomen noch etwas heraus. Der Ast der Ethik mündet zusammen mit anderen Ästen wie politische Philosophie in einen noch stärkeren, den der **praktischen Philosophie.** Zusammen mit der theoretischen Philosophie und der allgemeinen Philosophiegeschichte bildet sie den modernen Kanon der **Philosophie.** Und wir müssen nun nicht mehr weit zurücktreten, um die Philosophie als **Geisteswissenschaft** neben Sozial-, Kultur-, Rechts-, Natur-, und Technikwissenschaften zusammen mit Medizin aus dem Stamm der Wissenschaft erwachsen zu sehen (Abb. Band 1, 2.1).

2.2 Transdisziplinäre Aufgaben – Die Grenzen des Stammbaums

So illustrativ das Bild des (idealen) Baumes sein mag, es hat jedoch auch Grenzen. Wie das technische Arbeiten an und mit Robotern bzw. KI ist auch die Roboterethik ein inter- und transdisziplinäres Unterfangen. Die idealtypische disziplinäre Engführung wird durch die Komplexität des Gegenstands und der damit verbundenen Problemlagen unterlaufen. Roboterethik weist Verbindungen zu einer Reihe weiterer Bereichsethiken wie der Medizinethik auf. Hier ist z. B. das Arzt-Patienten-Verhältnis durch den Einsatz von

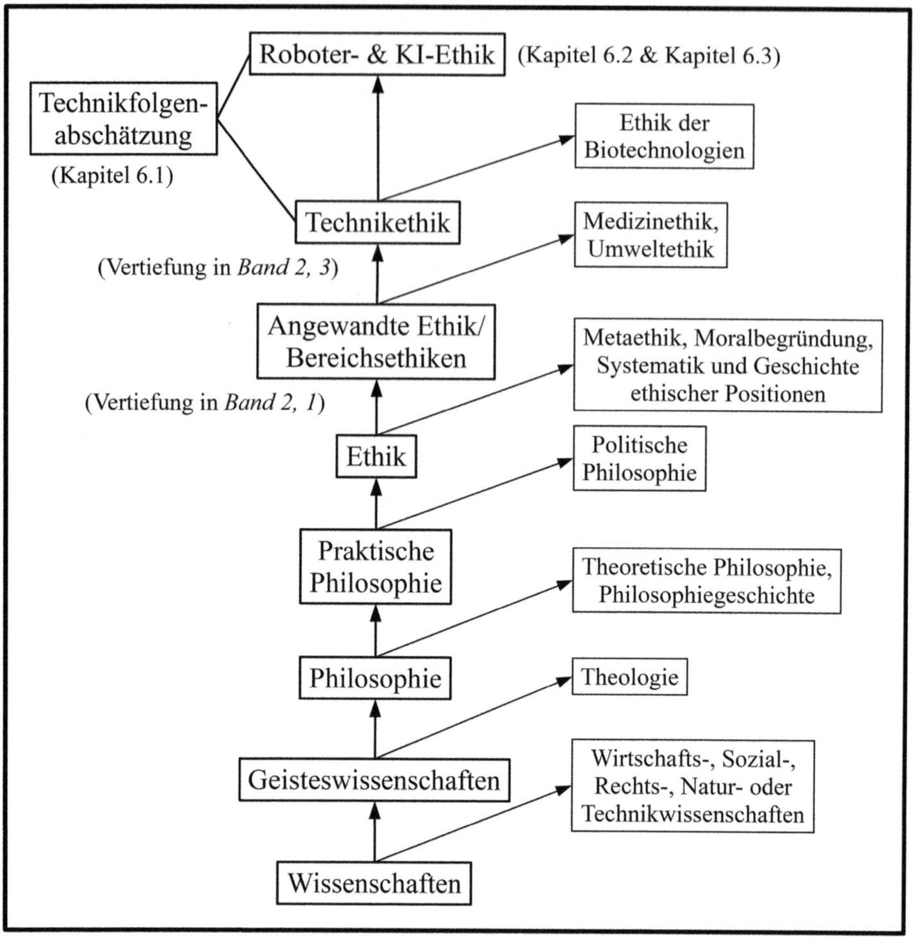

Abb. Band 1, 2.1 Roboter- und KI-Ethik im (idealen) Stammbaum der Disziplinen

Pflegerobotern zu hinterfragen. Gleiches gilt exemplarisch für die Ethik des Kriegs und den Einsatz von Kampfdrohnen und militärisch angewendeten Robotern. Verbindungen zur Ethik der Nano- und Biotechnologien sowie synthetischen Biologie entstehen durch fortschreitende Fähigkeiten im Engineering sogenannter „lebender Maschinen" und, meist einzelligen, Robotern aus organischen Materialien (Abschn. 3.1). Ganz allgemein verändert Technik Gesellschaften und soziales Miteinander. Social robots, die „sozialen" Roboter, aber auch künstliche Agenten wie Sprachbots werfen sozialethische Fragen auf. Wandel, Zukunft und Wert der Arbeit berühren die politische Philosophie und wie bei jeder Technik, so stellen sich auch bei Robotern wesentliche Fragen der Entsorgung und des nachhaltigen Umgangs mit begrenzten Ressourcen (Umweltethik, Langzeitverantwortung; *Band 2, 1.1*).

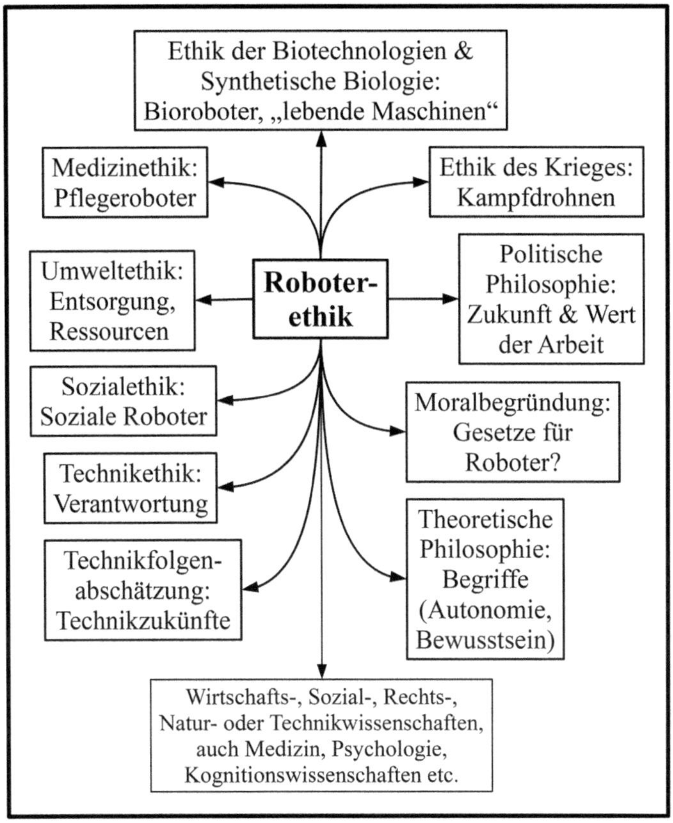

Abb. Band 1, 2.2 Inter- und transdisziplinäre Bezüge der Roboterethik

Roboterethik beschäftigt sich mit einem Leitproblem der Technikethik im Besonderen, der Frage nach individueller, kollektiver, institutioneller und gesellschaftlicher **Verantwortung** *(Band 2, 4)*. Sie berührt die Technikfolgenabschätzung und Politikberatung, indem sie einen Beitrag zur Reflexion von Technikzukünften (zum Plural siehe Abschn. 6.1) leistet: In welcher (technischen) Welt wollen wir in Zukunft leben? **Haben wir die Roboter, die wir brauchen, und brauchen wir die Roboter, die wir haben?** Hiermit sind nur einige Berührungspunkte zu immer noch eigentlich ethischen und philosophienahen Fächern genannt. Fragen der juristischen Regulierung, der Haftung im Schadensfall oder des Schutzes intellektuellen Eigentums deuten auf Verbindungen zu den Rechtswissenschaften usw. (Abb. Band 1, 2.2). Die Aufzählung ließe sich beliebig fortsetzen und weist die eigentlich ethische Frage nach dem moralischen Handeln mit Robotern und Drohnen als eine **Problemform mit** inter- und transdisziplinärer Tragweite **aus. Es ist darum auch mein Anliegen, mich mit dieser**

Einführung an ein disziplinär breit aufgestelltes Publikum zu wenden – auch außerhalb von Hochschulen.

Für die Fachphilosophie ist Roboterethik dabei mehr als nur die konsistente Anwendung bekannter Prinzipien und Werte auf einen möglichen Bereich technischen Handelns. Roboterethik reicht weit in die Fächer der Moralbegründung und theoretischen Philosophie hinein. Sie konfrontiert nicht nur mit neuen Handlungsmöglichkeiten, sondern auch mit neuen sprachlichen Problemen und grundsätzlichen Begründungsfragen. Modern unterteilt sich die Philosophie in praktische Philosophie, dazu gehört die Ethik mit ihren Verzweigungen, und theoretische Philosophie. Hinzu tritt Philosophiegeschichte, in welcher die historischen Grundlagen und klassischen Autoren erforscht werden. Eigentlich agiert die theoretische Philosophie mit Subdisziplinen wie Sprachphilosophie, Erkenntnis- und Wissenschaftstheorie, (philosophischer) Ontologie oder Logik von der Ethik getrennt. Doch schon ein kurzer Blick in die Philosophiegeschichte genügt, um diese Trennung als unhaltbar zu entlarven. Sie erweist sich als ein Kind unserer Zeit und einer Ausdifferenzierung in Einzelfächer und Spezialisierungen unserer wissenschaftlich-technischen Welt in einer Breite und Tiefe, wie sie Aristoteles, Mill, Bentham oder Kant nicht kannten. Wir werden sehen, **dass sich Roboter- und KI-Ethik – und das gilt entsprechend für jede Form der Technikethik – entgegen einer idealen Disziplinierung nicht auf praktische Philosophie allein reduzieren lässt.** Doch besonders mit Robotern und KI sind viele theoretische Fragen unseres Menschenbilds, des Wissens und Erkennens, unserer Sprache oder des Verhältnisses zwischen Körper und Geist verbunden. Grundfragen der Logik, Algorithmik und formalen Sprachen treten hinzu. Die Komplexität des Gegenstands wirft viele Probleme der theoretischen Philosophie gleichfalls mit auf *(Band 4).*

Nicht nur über die Philosophie hinaus, sondern schon innerhalb der Philosophie wirkt die Beschäftigung mit Robotern und Drohnen transdisziplinär: Disziplinäre Engführungen werden aufgehoben, wo die Problemlage es erfordert (Mittelstraß 2003; Hirsch Hadorn et al. 2008). Fragen wir nach Moral und Ethik, dann fragen wir nach menschlichem Handeln. Wir handeln aber nie ohne Wissen. Auch wenn dieses begrenzt ist, so können wir die theoretische Frage „Was kann ich wissen?“ nicht von der praktischen „Was soll ich tun?“ isolieren. Wir denken über Roboter nach und die Zukunft der künstlichen Intelligenz in unseren Gesellschaften natürlicher Intelligenzen. Wir fragen „Was darf ich hoffen?“ Schlussendlich erscheinen wir uns selbst im Spiegel der Maschinen und wollen erkennen: „Was ist der Mensch?“ Mit diesen 4 Fragen hat Immanuel Kant (1724–1804) den Acker der Philosophie bereits vor über 200 Jahren gepflügt und er begegnet uns in der Roboterethik auch heute noch mit voller Breitseite (zur berühmten Analyse des theoretischen und praktischen Vernunftgebrauchs der ersten 3 Fragen siehe *KrV B 832–841,* Kant 1974/1781 ff., S. 676–681):

Übersicht: Die 4 Grundfragen der Philosophie

1. „Was kann ich wissen?" (Erkenntnislehre, Grundlagen des Erkennens und Wissen)
   - Zum Beispiel: Was wissen wir über die Folgen unseres Einsatzes von Robotern?
2. „Was soll ich tun?" (Ethik, Grundlagen moralischen Handelns)
   - Zum Beispiel: Dürfen wir Moral in Computern einbauen bzw. einprogrammieren, wenn wir es könnten?
3. „Was darf ich hoffen?" (Religions- und Geschichtsphilosophie, Grundlagen des Glaubens)
   - Zum Beispiel: Glauben wir an lebende, moralische oder fühlende Maschinen, auch wenn es dafür keinen wissenschaftlichen Beleg gibt?
4. „Was ist der Mensch?" (Anthropologie, Grundlagen des Menschseins)
   - Zum Beispiel: Können wir durch die Forschung an KI besser verstehen, was uns zu Menschen macht?

Was das genau für den Umgang mit Robotern bedeutet, sehen wir uns in den folgenden Abschnitten an (besonders in Abschn. 6.2). Bevor mit Ebene II 3 weitere Bedeutungen zur Roboterethik im Mittelpunkt stehen, sollen noch in einem kurzen Exkurs einige methodische Besonderheiten der Philosophie als wissenschaftlicher Disziplin zur Sprache kommen. Hierdurch wird auch klarer, wie in den Geisteswissenschaften gearbeitet wird und worin sie sich methodisch von Ingenieur- oder Naturwissenschaften unterscheiden.

2.3 Kulturelle Hintergrundstrahlungen

Philosophie ist vor allem eine **systematische Methoden-, Begründungs-, Argumentations-, Sprach-, Dialog-, Denk- und Textwissenschaft.** Roboterethik, Technikethik und angewandte Ethik sind philosophische Disziplinen. Wie in jedem anderen wissenschaftlichen Fach auch, unterliegen sie wandelbaren Paradigmen und erzeugen Ergebnisse, die Kriterien wie Einfachheit, Nachvollziehbarkeit, Universalisierbarkeit oder Widerlegbarkeit genügen müssen. Gerade in der angewandten Ethik spielt das nicht logische Wahrheitskriterium der praktischen Bewährung eine wichtige Rolle. Ergebnisse werden in Vorträgen oder Texten vorgelegt, die Literaturarbeit, Begriffsarbeit, Definitionen oder Argumente verschiedener Form enthalten. Theoretische Aussagen müssen prinzipiell falsifizierbar sein, um sich als wissenschaftstauglich zu erweisen. Aber auch im praktischen Sinne lassen sich Ergebnisse philosophischer Arbeit widerlegen. So erfuhren z. B. die gesellschaftlichen Theorien einer bestimmten Art des Sozialismus mit dem Scheitern der DDR 1989/1990 im echten Leben eine Widerlegung. Aber auch abstrakte ethische Theorien können scheitern, wenn es um deren Anwendung in der Praxis geht.

Als **Reflexionswissenschaft** ist insbesondere das kritische Durchschauen, Aufdecken und Verändern von Paradigmen, Weltbildern und Ideologien selbst methodischer Bestandteil. Philosophie setzt in der Begründungsebene tiefer an als etwa Natur- oder Technikwissenschaften. Sie stellt Fragen des apriorischen, also erfahrungsfreien, Wissens, der Letztbegründung von Erkenntnis und Werten, der konsistenten Methodik, aber auch Logik und Axiomatik. Insbesondere in der Logik, Axiomatik und formalen Analyse von Sprachen weist sie Nähe zur Mathematik und Informatik auf. Es ist darum auch nicht abwegig, Aspekte der Informatik, wie z. B. Softwareprogrammierung, als formale Geisteswissenschaft zu bezeichnen. Denn sie ist ein streng methodisches Umgehen mit formaler Sprache *(Band 4, 2.1)*. Auf der anderen Seite hat die Philosophie trotz vielfältiger inter- und transdisziplinärer Verbindungen einige exklusive Gegenstandsbereiche. Zu ihnen zählt unter anderem die normative Ethik, in welcher Regeln des moralischen Handelns rational begründet und widerlegt werden (Abschn. 4.1).

Außerdem tritt die **historische Arbeit** als immanenter Bestandteil der Philosophie heraus. Sie ist eine methodische Besonderheit der Geisteswissenschaften allgemein, die sich so in der Informatik oder den Ingenieurwissenschaften nicht findet. Es gibt zwar einen je aktuellen Forschungsstand. Dieser begründet sich jedoch stets auch aus der Auseinandersetzung mit der Vergangenheit. Einer der Hauptgründe ist das besondere Verhältnis, das die Philosophie, und mit ihr die Ethik, zur menschlichen Sprache pflegt. Sowohl streng formale logisch eineindeutige Sprachen also auch kontingente Alltagssprachen sind gleichermaßen Arbeitsmittel wie Untersuchungsgegenstand. In der Philosophie wird viel Wert gelegt auf korrekte und eindeutige Terminologie. Allein die Definition, Systematik und Abgrenzung von Begriffen kann schon viele Missverständnisse und Probleme ausräumen. Gleichzeitig ist es aber auch notwendig, die verschiedenen Sinn- und Bedeutungsschichten der Worte hinterfragend zu durchschauen.

Begriffsarbeit ist wiederum ein historisches Unternehmen, da Terminologien, Wortverwendungen, Argumentationsformen etc. kulturgeschichtlich uneinheitlich aber prägend überliefert werden. Das gilt für Alltagssprache, aber nicht minder auch für Fachsprachen. Ethikerinnen und Philosopheninnen beschäftigen sich methodisch mit der historisch-kulturellen Hintergrundstrahlung, auf welcher aufbauend sich andere Fächer konkreten empirischen Fragen zuwenden können. Im Rahmen der *Grundlagen der Technikethik* begegnet uns diese Aufgabe nicht nur in der Geschichte ethischer Positionen, sondern auch in den Geschichten so vieldeutiger Worte wie Körper und Geist *(Band 4, 3.1)*, Bewusstsein *(Band 4, 4)* oder Autonomie *(Band 4, 5)*. Aber auch die Worte Roboter, Drohne und künstliche Intelligenz haben eigene Historien und weisen mehrere Bedeutungsebenen auf. In *Band 3* werden wir das vertiefen. An dieser Stelle ist es zunächst einmal wichtig, die verschiedenen Bedeutungen des Wortes Roboterethik zu sehen und voneinander zu trennen.

▶ **Tipp: Bedeutungsarbeit statt Wortklauberei** Häufig lassen sich Missverständnisse und daran anschließende Kommunikationsprobleme in Gesprächen vermeiden, indem auf die Bedeutungen geschaut wird und nicht so sehr auf die Worte. Es lohnt sich zu fragen: Was will mein Gegenüber damit sagen? Wie verwendet sie oder er den Begriff gerade? Anstatt sofort gegen jedes potenziell „falsche" Wort vorzugehen. Das hilft enorm besonders in hitzigen ethischen Debatten. Wird z. B. über KI-Ethik gestritten, dann ist zunächst zu klären, welche der 4 Bedeutungen (Disziplin, Moral, Ethik oder Ethos/Kodex) gerade gemeint ist. Gleiches gilt für inter- und transdisziplinäre Kommunikation. Das Wort Ontologie meint z. B. in der Philosophie die Lehre des Seins, Seienden und der Seinsarten. In der Informatik verstehen wir unter einer Ontologie jedoch die Darstellung von Begriffsmengen und ihre Beziehungen in Gegenstandsbereichen. Sieht man nur auf das Wort Ontologie statt auf die jeweilige Bedeutung, dann sind grundsätzliche Missverständnisse vorprogrammiert. Für methodische Technikethik ist Begriffsarbeit eine essenzielle Voraussetzung. Darum sollten Grundbegriffe so frühzeitig wie möglich geklärt werden.

Experimente, Beobachtungen, Laboruntersuchungen oder Befragungen nehmen in empirisch verfahrenden Natur-, Technik- und Sozialwissenschaften einen zentralen Platz ein. In den Geisteswissenschaften spielen sie jedoch eine untergeordnete Rolle. Wenn, dann gibt es **Gedankenexperimente** und das experimentelle Antizipieren von Zukunftsszenarien: Was wäre wenn, unter welchen Umständen und warum? Philosophie ist auch methodisches Thinktanking. Anspruchsvolle Science-Fiction kann als Gedankenlabor mit ethischem Tiefgang dienen (Abschn. 5.3; *Band 3, 2.1; Band 4, 3.2; Band 4, 3.4*). Jedoch werden durch die Ergebnisse von Gedankenexperimenten und deren Interpretation die Leistungen vergangener Forscher nicht in dem Maße überholt, wie es in den meisten Natur- oder Ingenieurwissenschaften der Fall ist. Der Grund hierfür liegt nicht darin, dass es in der Philosophie und Ethik keinen Erkenntnisfortschritt gäbe oder nur alter Wein in neuen Schläuchen verabreicht würde. Es ist vielmehr so, dass Begründungs- und Argumentationsformen, Begriffe und Methoden, auch unabhängig vom konkreten sinnlichen Gegenstand betrachtet werden. Neue empirische Erkenntnisse können zwar von außen philosophisches Nachdenken herausfordern, jedoch suspendieren sie nicht notwendigerweise bewährte Denkformen. Hierzu zählt z. B. das analytische Zerlegen und synthetische Zusammenfügen komplexer Gegenstandsbereiche. Sowohl René Descartes (1596–1650) als auch Gottfried Wilhelm Leibniz (1646–1716) entwickeln dabei Denkformen (Descartes 2011/1619 ff.; Leibniz 1996/1677 ff., S. 3–33), die bis heute auch für die Informatik und den Umgang mit Programmier- und Maschinensprachen grundlegend wirken. Was über die kombinatorische Zergliederung und neuerliche Zusammensetzung der Welt in formallogisch-mathematische Zeichenfolgen vor Jahrhunderten schon erdacht wurde, entfaltet sich heute in einer

informationstechnologischen „Leibnizwelt" (Mittelstraß 2011, S. 85–107; Poser 2016, S. 350–378; *Band 4, 3.1*).

Wesentlich ist auch das systematische Erarbeiten von Kritik – etwa an ethischen Begründungen, logischen Argumenten, politischen Weltbildern oder theoretischen Annahmen und Ableitungen. Bei einem Rückzug in den Elfenbeinturm ohne Fenster bleibt die Technikethik allerdings nicht stehen. Sie bricht immer wieder aus. Besonders im **inter- und transdisziplinären Austausch** sind Nähen und Bezüge zur technischen Praxis, deren Grenzen und Möglichkeiten, geradezu essenziell. Damit wird nicht nur das technikphilosophische Nachdenken über Roboter und KI an der harten Realität geschliffen. Im fachübergreifenden Reigen spült die Philosophie Perspektiven zur normativen Ethik, Methodologie, Systematik, Terminologie, Logik, Sprache etc. ein. Der Blick auf das Konstante im Veränderlichen bedingt auch die Einsicht, dass sich bestimmte Fragen und Konflikte wie ein roter Faden durch die Menschheitsgeschichte hindurchziehen. Ein Beispiel ist die Frage „Darf ich lügen?", welche heute auch in der Gestalt „Darf mein Roboter lügen?" auftritt (*Band 2, 1.2*). Die klassischen Fragen sind Gegenstand historischer Untersuchungen auf der Horizontlinie kultureller Hintergrundstrahlung. Eine umfassende Historie ist im Rahmen vorliegender Einführung sowie innerhalb der Buchreihe *Grundlagen der Technikethik* nicht zu geben (siehe hierzu exemplarisch die Reihe *Geschichte der Philosophie,* Röd (Hg.) 1976 ff. oder das mehrbändige *Historische Wörterbuch der Philosophie,* Ritter, Gründer (Hg.) 1971 ff. und andere Werke). Dennoch werden wir zumindest auf einige Beispiele aus der Philosophiegeschichte eingehen können.

Andere Fragen sind neu und lassen sich in Anbetracht historischen Wissens angehen. Für die Begründung einer allgemeinen Position, Norm oder Regel können Aristoteles (ca. 384-322 v. u. Z.) oder Kant durchaus hilfreich sein, wie auch für rationale Denkmethoden. Für die Einzelfallentscheidung mit empirischem Bezug gilt das jedoch nicht unbedingt. Die Fragen „Darf ich lügen?" und „Was ist das glückliche Leben?" gehören zu den Dauerbrennern und lassen sich als humane Konstanten in etlichen ethischen Schriften, aber auch religiösen oder literarischen Werken seit über 2 Jahrtausenden nachweisen. Sie beschäftigen uns heute im Angesicht sprechender Roboter und fotografierender Drohnen. Viele der aktuell wissenschaftlich-technisch verursachten Konflikte finden sich jedoch nicht bei historischen Vorbildern. Weder in der Antike noch zu Kants Zeiten gab es die Möglichkeit und den Begriff der Stammzellforschung. Auch über Datenschutz im Internet werden wir weder bei Mill noch bei Bentham etwas lesen. Nichts schreibt Carl Philipp Gottlieb von Clausewitz (1780–1831) über Cyberwar, Sunzi (ca. 544–496 v. u. Z.) zu Kampfdrohnen oder Platon (ca. 428–348 v. u. Z.) über Mind-Uploading. Andererseits können uns die Autoren aber helfen, eigene Antworten zu finden und systematisch zu begründen. Wir treten mit einem prall gefüllten historischen Werkzeugkasten aus dem Elfenbeinturm hinaus zur kritischen Auseinandersetzung mit neuen Technologien. Roboter, Drohnen und selbstfahrende Autos fordern dabei unter Umständen eine gründliche Revision des ethischen Werkzeugs heraus. Denn zum ersten Mal müssen sich Philosophen – und nicht nur die – damit auseinandersetzen, dass reale

Maschinen eventuell Moral haben, Ethik reflektieren oder einem Ethos folgen könnten. Damit ist die Ebene des Genitivus subiectivus betreten, die wir in den folgenden 3 Kapiteln vertiefen wollen.

Conclusion
Die erste von 4 Definitionen kennzeichnet Roboter- und KI-Ethik als ein besonderes Arbeitsfeld der angewandten Technikethik, das sich durch vielfältige disziplinübergreifende Bezüge auszeichnet. Es kann dadurch regelrecht transdisziplinär in einem paradigmatischen Sinne wirken. Denn die ethischen Fragen, die wir uns im Umgang mit Technologien wie Robotern oder Drohnen stellen, erzwingen einen methodischen Blick über den Tellerrand und heben disziplinäre Engführungen auf, wo sie der Problemlage nicht gewachsen sind. Damit ist schon eine philosophische Grundeigenschaft der Roboter- und KI-Ethik benannt: Gegenstand und Bearbeitungsweise bedingen sich wechselseitig. Weiterhin stellt uns der Umgang mit Robotern vor grundsätzliche Fragen der Begründung von moralischen Handlungen in vielen Bereichen. Pflegeroboter verweisen auf Grundfragen der Medizinethik, Kampfdrohnen verlangen auch ein Nachdenken über Krieg jenseits der konkret angewendeten Technik. Die Verantwortungsproblematik spielt eine zentrale Rolle. Sie offenbart sich nicht als isolierte Herausforderung, sondern ist verbunden mit theoretischen Fragen der künstlichen Intelligenz als auch mit diversen Definitionsproblemen von Autonomie oder Bewusstsein. Hierzu zeichnet sich der philosophische Zugang unter anderem durch analytisch-rationale Begriffsarbeit, Analysen normativer Ethik, Methodologie, Systematik, Argumentations-, Begründungs- und Ideologiekritik, aber auch durch Gedankenexperimente und das kritische Bewerten von Zukunftsszenarien aus. In *Band 2* werden wir die Betrachtungen der angewandten Ethik und Technikethik vertiefen. Aber auch die folgenden Kap. 3–5 enthalten zusätzliche Informationen über die erste Ebene der Roboter- und KI-Ethik.

Literatur

Birnbacher D (2007) Analytische Einführung in die Ethik. 2. Auflage. De Gruyter, Berlin / New York

Descartes R (2011/1619 ff.) Regulae ad directionem ingenii. Cogitationes privatae. Lateinisch-Deutsch. Felix Meiner, Hamburg

Fenner D (2008) Ethik. Wie soll ich handeln? Francke, Tübingen

Funk M (2020) „What Is Robot Ethics? …And Can It Be Standardized?" In Nørskov M / Seibt J / Quick OS (Hg) Culturally Sustainable Social Robotics. Proceedings of Robophilosophy 2020. August 18–21, 2020, Aarhus University and online. IOS Press, Amsterdam u. a., S 469–480

Grunwald A (Hg) Handbuch Technikethik. Metzler, Stuttgart / Weimar

Hirsch Hadorn G et al. (2008) The Emergence of Transdisciplinarity as a Form of Research. In Hirsch Hadorn G et al. (Hg) Handbook of Transdisciplinary Research. Springer, Dordrecht, S 19–39

Höffe O (2013) Ethik. Eine Einführung. Beck, München
Kant I (1974/1781 ff.) Kritik der reinen Vernunft 2. Band IV Werkausgabe. Herausgegeben von Wilhelm Weischedel. Suhrkamp, Frankfurt a. M.
Leibniz GW (1996/1677 ff.) Hauptschriften zur Grundlegung der Philosophie. Philosophische Werke in vier Bänden. Band 1. Felix Meiner, Hamburg
Mittelstraß J (2003) Transdisziplinarität – wissenschaftliche Zukunft und institutionelle Wirklichkeit. Konstanzer Universitätsreden. UVK, Konstanz
Mittelstraß J (2011) Leibniz und Kant. Erkenntnistheoretische Studien. De Gruyter, Berlin / Boston
Ott K (2005) Moralbegründung zur Einführung. Junius, Hamburg
Pieper A (2017) Einführung in die Ethik. 7. Auflage. Francke, Tübingen
Poser Hans (2016) Leibniz' Philosophie. Über die Einheit von Metaphysik und Wissenschaft. Felix Meiner, Hamburg
Ricken F (2013) Allgemeine Ethik. Fünfte, überarbeitete und ergänzte Auflage. Kohlhammer, Stuttgart
Ritter J / Gründer K (Hg) (1971 ff.) Historisches Wörterbuch der Philosophie. Schwabe, Basel / Stuttgart
Röd W (Hg) (1976 ff.) Geschichte der Philosophie. Beck, München
Rüther M (2015) Metaethik zur Einführung. Junius, Hamburg
Schmid Noerr G (2006) Geschichte der Ethik. Grundwissen Philosophie. Reclam, Leipzig

Können und dürfen Maschinen moralisch handeln? (Bedeutung 2)

3

Zusammenfassung

In diesem Kapitel wird in die zweite Bedeutung der Roboter- und KI-Ethik eingeführt. Sie ist verbunden mit der Frage: „Dürfen Maschinen moralisch handeln?" und gehört zur zweiten Ebene des Genitivus subiectivus. Im Gegensatz zum Genitivus obiectivus wird die „Ethik der Roboter und KI" verstanden als etwas, das Maschinen selbst zukommt. Nach einer etymologischen Einführung werden umweltethische Konzepte und deren Einfluss auf die Bewertung von Robotern als moralische Akteure oder besonders schützenswerte Objekte vorgestellt. Robozentrik erscheint als eine neue Kategorie neben Anthropo- oder Physiozentrik. Erste Roboterbegriffe finden Einordnung. Das Verhältnis zwischen Natur, Kultur und Leben wird als ein Problemfeld vorgestellt unter methodischer Berücksichtigung des sprachkritischen Zugangs. Im folgenden Abschnitt wird der Begriff Moral definiert und 4 Grundfragen zu moralisch handelnden bzw. funktionierenden Robotern zusammengefasst.

Einem bewährten Gemeinplatz folgend fängt Philosophie mit Fragen an. Das gilt auch für Technikethik allgemein sowie Roboter- und KI-Ethik im Besonderen. Folglich lassen sich die Bedeutungen 2, 3 und 4 in Ebene II gut mit den entsprechenden Fragen darstellen. Gleichzeitig wird so auch illustriert wie theoretische und praktische Probleme ineinandergreifen. Wurde Roboter- und KI-Ethik in Ebene I als Genitivus obiectivus eingeführt, so umfassen die 3 Fragen der zweiten Ebene den Genitivus subiectivus (Funk 2020). Zur Vereinfachung sprechen wir im Fortgang von Roboterethik bzw. Ethik der Roboter. Dabei behalten wir im Hinterkopf, dass sich das Wort in diesen frühen Schritten unserer methodischen Einführung noch durch die Begriffe künstliche Intelligenz (KI), Drohne, Computer, Maschine oder Technik austauschen lässt. Das ist vorläufig möglich, da wir unseren Fokus auf Ethik richten. In *Band 2* wird darauf aufbauend genauer

M. Funk, *Roboter- und KI-Ethik*, https://doi.org/10.1007/978-3-658-34666-9_3

aufgeschlüsselt, welche Arten von Technik es gibt. *Band 3* beleuchtet im Detail Roboter, Drohnen, Computer und KI.

„Ethik der Roboter" wird hier so verstanden, *als ob* Roboter selbst die Subjekte wären. Ihnen kommt Ethik zu, sie sind nicht die Objekte ethischer Betrachtungen durch Menschen. Da das Wort Ethik in seiner antiken Wurzel ***ethos*** mindestens 3 Bedeutungsschichten aufweist (Birnbacher 2007, S. 1–3; Fenner 2008, S. 3–7; Höffe 2013, S. 9–11; Pieper 2017, S. 21–26; Ricken 2013, S. 16–18), sind auch diese 3 Bedeutungen der Roboterethik als **Genitivus subiectivus** voneinander zu trennen. *Ethos* im Sinne von **Moral** verweist auf die zweite Bedeutung der Roboterethik und ist Gegenstand dieses Abschnitts. Im Alltag verwenden wir die Worte Ethik und Moral oft synonym. Wissenschaftlich gesehen ist das aber nicht korrekt. *Ethos* im Sinne von **Ethik** ist die Wissenschaft von der Moral und darum liegt der Frage nach Robotern, die Ethik haben könnten, eine andere Bedeutung zugrunde (Bedeutung 3, Kap. 4). Drittens gibt es auch im Deutschen das Wort **Ethos.** Es bezeichnet einen **Moralkodex,** ein fest ausformuliertes Regelwerk, ist jedoch nicht mit Moral oder Ethik zu verwechseln. Der Frage, welchen Kodex Roboter haben könnten, kommt somit eine vierte Bedeutung zu (Kap. 5). Altgriechisch *ethos* im Sinne von Moral/Sitte, Ethik oder Kodex verweist auf praktische Philosophie. Themen sind individuelle und gemeinschaftliche moralische Handlungen (Abb. Band 1, 3).

Nun fragen wir uns aber, ob eine Maschine, ein von Menschen gemachtes Mittel, moralisch, ethisch und einem Kodex folgend funktionieren kann. Seit Millionen von Jahren benutzen Menschen (und ihre Vorfahren) Handwerkzeuge wie Faustkeile, Hämmer, Äxte, Nadeln, Ahlen etc. Doch konnten diese Artefakte weder sprechen noch stellt sich hier – abgesehen von religiösem Glauben – die Frage, ob diesen Bewusstsein

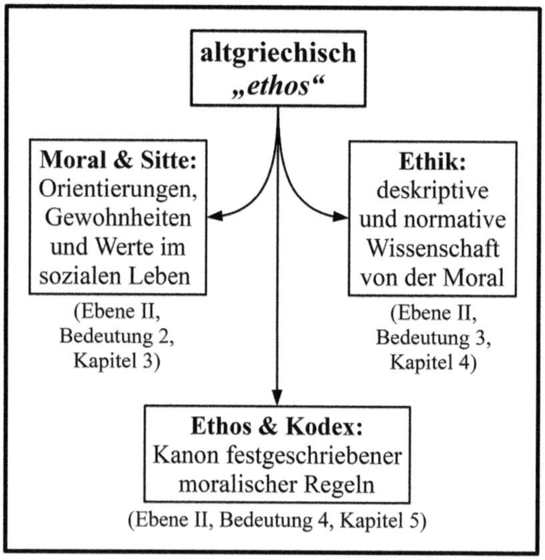

Abb. Band 1, 3 Die 3 Bedeutungen von *ethos*

oder ein besonderer Wert als moralischen Akteuren zukommt. Seit einigen Jahren diskutieren wir diese Fragen jedoch mit Blick auf konkrete technische Mittel. Computer, Chatbots und Roboter können sprechen und es scheint nur eine Frage der Zeit, bis sie auch im sozialen Alltag mit jedem von uns interagieren und eigenständig lernen. Mit der Frage nach Handlungen von Robotern, die über bloßes Funktionieren hinausgehen, verbinden sich Aspekte der KI und des möglichen Bewusstseins von Maschinen. Roboterethik umschreibt also nicht nur eine Bereichsethik, in der Menschen ihren zweckgerichteten Einsatz von Mitteln – in dem Fall Robotern und KI – moralisch auf den Prüfstand stellen (Genitivus obiectivus, Ebene I, Bedeutung 1, Kap. 2; Vertiefung in Kap. 6 und *Band 2*). Es stellt sich außerdem die Frage, ob und wie Moral in Maschinen vorkommen kann. Dürfen wir moralische Roboter bauen, wenn wir es könnten? In der theoretischen Philosophie wird unter Ontologie die Lehre vom Sein und konkret Seienden verstanden. Was muss ein Roboter sein, um Moral zu haben? Muss er beseelt sein, ein fühlendes, irgendwie lebendes Wesen? Wären moralische Roboter dann auch besonders wertvoll und hätten Anspruch auf eigene Rechte? Oder sind sie nur ein Teil der unbelebten technisch-kulturellen Umwelt? Rational betrachtet liegt im Angesicht aktueller technischer Möglichkeiten letzteres auf der Hand. Roboter und KI sind technische Mittel für menschlich gesetzte Zwecke. Jedoch wird die subjektive Wahrnehmung dieser Maschinen auch von religiösen Vorstellungen geprägt. Außerdem verschwimmen zunehmend die Grenzen zwischen Natur und Kultur, zwischen natürlichem und künstlichem Leben. Wir wollen uns darum zuerst der Frage zuwenden, welchen Wert unsere belebte und unbelebte Umwelt – denn Roboter und KI gehören zu unserer Umwelt – besitzen, bevor wir den Begriff der Moral genauer unter die Lupe nehmen.

3.1 Lebende Roboter?

Es gibt 3 traditionelle Ansätze, um Fragen nach der religiösen Deutung und dem moralischen Wert der belebten und unbelebten Umwelt zu beantworten. Hinzu tritt ein unkonventioneller vierter Typ. Diese sind auch für die Roboterethik bedeutsam. Sie dienen als eine Vorlage für die aktuelle Debatte und zeigen auf, welche moralischen Interpretationen der Glauben für unser Verhältnis zu Robotern und KI bereitstellen kann. So wird im **physiozentrischen** oder holistischen Modell der gesamten belebten und unbelebten Umwelt ein ähnlich hoher moralischer Wert zugeschrieben. Denkformen dieser Gestalt finden sich z. B. in animistischen Religionen, in denen von einer umfassenden Allbeseeltheit der Natur ausgegangen wird. Steine, Wasser und Wind enthalten Geister, etwas Seelisches bzw. einen Lebenshauch, wie auch Tiere, Pflanzen und Menschen. Im japanischen Shintoismus ist dieser Glauben bis heute präsent. Darum kann ein Roboter – als Teil der physischen Umgebung – nach diesem Modell leben, empfinden und fühlen, weiterhin einen intrinsischen Wert der Schutzbedürftigkeit und die Fähigkeit zur Moral aufweisen (Coeckelbergh 2014, S. 61). Das Gegenstück ist ein **Anthropozentrismus** wie er in der christlich-aufklärerischen Kultur

Europas vorherrscht. Demnach ist der Mensch das Abbild Gottes und macht sich die Welt tätig Untertan (christlich) bzw. ist ein vernunftbegabtes Individuum, das rational und verantwortungsvoll mit seiner Freiheit umgehen kann (Aufklärung). Hier stehen Menschen im Mittelpunkt. Von der Beseeltheit eines Roboters, gar als Abbild Gottes, kann in diesem Ansatz nicht gesprochen werden. Eine Zwischenform bildet drittens der **Biozentrismus**, in welchem die gesamte organisch-belebte Natur (Tiere, Pflanzen etc., jedoch keine Steine, Wind oder Wasser) als besonders wertvoll angesehen wird (Krebs 1997; Fenner 2010, S. 112–172; Potthast 2006). Ein Hinweis zur Terminologie: (Anthropo-)*Zentrismus* und (Anthropo-)*Zentrik* werden als Synonyme gebraucht. Entsprechendes gilt für Bio-, Physiozentrismus. Zwei weitere Varianten, für die gleiches gilt, werden im Anschluss vorgestellt. Zur stilistischen Abwechslung werde ich beide Wortformen, Zentrismus und Zentrik, gebrauchen.

In der Praxis treten die 3 klassischen Ansätze oft gemischt und **gradualistisch** abgestuft auf. Das bedeutet, dass Menschen ein besonderer Wert, aber auch eine besondere Verantwortung zukommt, insofern sie zu moralischen Handlungen fähig sind. In der Natur- und Umweltethik wird im Anschluss an William Frankena (1997, S. 273; Erstveröffentlichung 1979) der Begriff des **moral agent**, des moralisch handelnden Akteurs, gebraucht. Gleichzeitig sind aber auch Tiere vor Schaden zu bewahren und in weiterer Folge stufenweise Pflanzen, Ökosysteme und die unbelebte Umwelt. Sie sind **moral patients**, Wertträger. Ihnen kommt also ein moralischer Wert bei, ohne dass sie selbst aktive Subjekte moralischer Handlungen wären (Fenner 2010, S. 115–118; Potthast 2006, S. 294). Entsteht ein Konflikt, z. B. durch Tierversuche im Dienste der Humanmedizin, dann lässt sich gradualistisch verfahren: Der Wert der menschlichen Gesundheit ist (unter Einhaltung strenger Regeln der Tierversuche) prinzipiell auf einer höheren Stufe angesetzt, als der des Tieres. Zusätzlich sind Säuge- und Wirbeltiere schützenswerter als niedrigere Formen organischen Lebens. Wenn sich auf Säuge- und Wirbeltiere in einem Experiment verzichten lässt bei gleicher Aussicht auf ein möglichst präzises Ergebnis, dann sollen andere Tierformen für Versuche bevorzugt werden.

In das gradualistische Stufenmodell der 3 klassischen Modelle lässt sich ein vierter unkonventioneller Ansatz einarbeiten. **Technozentrik** bzw. Technozentrismus erscheint auf den ersten Blick als eine Teilmenge der Physiozentrik. Denn Technik und andere Kulturleistungen können als Teil der unbelebten Umwelt angesehen werden. Denken wir z. B. an prähistorische Schwerter, die für ihre Herren mehr waren als nur unbelebtes Material. Sie waren persönliche Kultobjekte, so etwas wie Individuen in der Gemeinschaft, und wurden schließlich zum Glück für die Archäologie auch häufig mit ihren Meistern beerdigt. Wird die Beseeltheit eines solchen von Menschen geschaffenen Gegenstands angenommen, dann stünde dieser physiozentrisch auf einer Stufe mit Tieren, Menschen, Steinen und anderem. Wird Physiozentrik jedoch reduziert auf die umgebende Natur und ein seit Aristoteles gepflegter Gegensatz von Natur und Kultur angenommen, dann ist Technozentrik keine Teilmenge der Physiozentrik mehr, sondern eine eigene Kategorie. Sie umschreibt die kulturelle Teilmenge der Umgebung, die von Menschen gemacht aus technischen Artefakten besteht. Physiozentrik schließt die

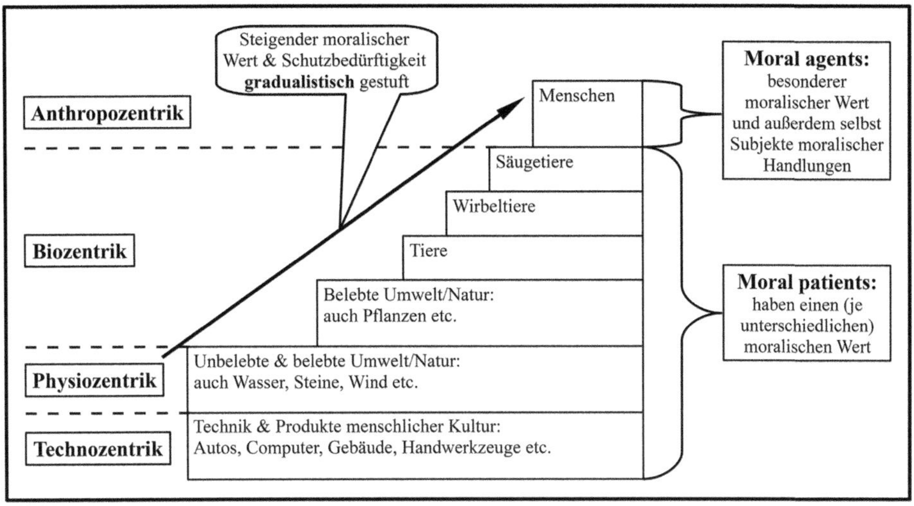

Abb. Band 1, 3.1 Konzepte der Beseeltheit und des moralischen Werts von belebten und unbelebten Dingen

natürliche Umgebung ein. In Abb. Band 1, 3.1 werden die 4 verschiedenen Ansätze zusammenfassend bildlich dargestellt. Nicht berücksichtigt aus Gründen der Übersichtlichkeit ist der Theozentrismus, in welchem zusätzlich noch Gott auf einer eigenen Ebene erscheint.

3.2 Robozentrik

Die Systematik der 4 Ansätze baut soweit auf einer Trennung von Natur und Kultur auf, weiterhin auch auf einem noch nicht genauer spezifizierten Begriff des Lebens. Roboterethik kommt den genannten Modellen der Tier-, Pflanzen-, Natur- und Umweltethik sowie der Religionsphilosophie sehr nahe. Denn nicht selten wird die Frage, ob ein Roboter lebt und darum auch moralisch und besonders wertvoll sein könnte, durch Glauben beantwortet. Fakt ist aber auch: So lange wir Ethik als Wissenschaft von der Moral (Abschn. 4.1) betreiben, legen wir durch unser Urteilen einen Anthropozentrismus zugrunde. Jede Ethik ist anthropozentrisch insofern sie von Menschen gemacht ist (methodisch-sprachkritische Anthropozentrik, *Band 2, 2*). Dadurch, dass der moralische Wert und die Schutzbedürftigkeit belebter und unbelebter Umwelt anerkannt werden, spielen Elemente der Physiozentrik und Biozentrik gerade in der Tier-, Pflanzen-, Natur- und Umweltethik immer auch eine Rolle. Welche Rolle spielen sie in der Technik- und Roboterethik? Über die ersten 4 Modelle hinausgehend ergibt sich für Roboter und Drohnen, Computer und Sprachsysteme eine fünfte Kategorie, die des **Robozentrismus**

bzw. der Robozentrik. Sie ist mit der Technozentrik verbunden, teilweise deckungsgleich, und verläuft vertikal zu den bekannten 4 Ansätzen (Abb. Band 1, 3.2).

Die entscheidende Frage für die abgestufte Zuschreibung moralischer Werte ist, auf welcher Ebene Roboter, Drohnen oder Sprachsysteme aus rationaler Sicht anzusiedeln sind. Stehen diese auf einer Stufe mit Tieren, oder mit physischen Objekten? Kommen sie dem Menschen gleich? Welcher moralische Wert ergibt sich für Roboter oder „intelligente“ Computerprogramme entsprechend der jeweiligen Stufe (moral patiency)? Wären sie darüber hinaus auch moral agents, also Subjekte moralischer Handlungen? Wissenschaftlich-methodische Antwortversuche können nicht ohne klare Kriterien begründet werden: Was macht einen moral agent zu einem moral agent oder einen moral patient zu einem moral patient? Wo verläuft die Trennlinie zwischen beiden Begriffen? Was sind die Kriterien des Menschseins? Mögliche Kriterien der Anthropozentrik sind Sprachfähigkeit verbunden mit Selbstbewusstsein und Vernunftbegabung, weiterhin Zukunftserwartung, Selbstverwirklichung, Emotionalität, Empathie, Leiblichkeit, Sozialverhalten und weitere. Ist ein verbindlicher Katalog gefunden, dann folgt im nächsten Schritt die Auseinandersetzung mit den Merkmalen und Definitionen jedes Kriteriums, um einen Konsens zu erzeugen, der sich dann im dritten Schritt mit der technischen Realität vergleichen lässt. Wären die gefundenen Kriterien technisch erfüllbar, wovon wir momentan nicht ausgehen können, gerieten Roboter zu moral agents. Das ist theoretisch in zwei Paradigmen möglich: in der Anthropozentrik oder Robozentrik. Es hängt nicht unwesentlich von der Definition des jeweiligen Paradigmas ab, ob Roboter als moral agents bezeichnet werden können. Denn selbst wenn Maschinen nicht den

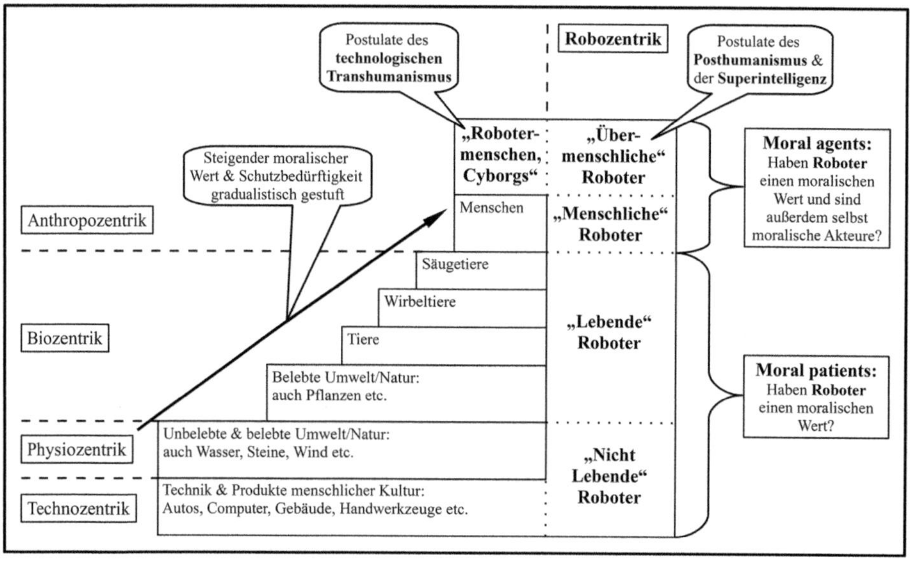

Abb. Band 1, 3.2 Robozentrik und die klassischen Ansätze

Kriterien eines anthropozentrischen moral agent genügen, so bleibt doch immer noch die Option, einen robozentrischen moral agent zu definieren. Die Kriterien für einen moral agent im Paradigma der Robozentrik können von denen eines humanen moralischen Subjekts abweichen.

Zwischen den verschiedenen Kategorien gibt es fließende Übergänge. Wird z. B. geglaubt, dass Roboter eine Seele haben oder aus weiteren Gründen moralisch wertvoller sind als andere technische Mittel, die belebte und unbelebte natürliche Umwelt, dann geht die Technozentrik in eine Robozentrik über. Roboter würden dann quasi als die Blüte technischer Schöpfungen gesehen. Aus dem Glauben, dass dies so wäre, folgt jedoch noch nicht der wissenschaftliche oder ethische Beweis, dass dem so ist. Nach aktuellem Stand der Technik ist davon trotz manch modischen Booms von Science-Fiction, **Post- und Transhumanismus** nicht auszugehen. Gleiches gilt für Postulate der sogenannten **Superintelligenz und Singularitätstheorie,** wonach Roboter und ähnliche technische Systeme die Summe menschlicher Intelligenz und Fähigkeiten übersteigen könnten. Wir werden die entsprechenden Roboter- und KI-Konzepte in *Band 3* vertiefen und uns den theoretischen Fragen nach Wissen, Sprache, Bewusstsein und Autonomie technischer Systeme in *Band 4* zuwenden. Es ist jedoch hilfreich, sich diese Positionen gleich zu Beginn vor Augen zu führen, um eine Einordnung zu erleichtern. In Abb. Band 1, 3.2 ist der Ansatz der Robozentrik durch eine gestrichelte Linie verbunden mit der Technozentrik. Er verläuft senkrecht zu den anderen Konzepten. Skizzenhaft sind außerdem Visionen des Post- und Transhumanismus inkl. Superintelligenz angedeutet.

▶ **Tipp: Aus bildlich 2D mach praktisch 3D** Häufig dienen Grafiken wie Abb. Band 1, 3.2 dem besseren Verständnis von Worten und Grenzen zwischen den Bedeutungen einzelner Begriffe. Abb. Band 1, 3.2 lässt sich jedoch auch ganz praktisch als eine Schablone verwenden. Zum einen bildet sie die verschiedenen Arten religiösen und persönlichen Glaubens ab, und damit auch Hoffnungen, Wünsche und Ängste. Es kann in Diskussionen zu Themen aktueller Technik sehr helfen, wenn man sich über die eigenen ganz individuellen Gefühle und Erwartungen klar wird, und sie schließlich auch benennt: Habe ich Angst vor lebenden Robotern? Sind für mich Roboter auf einer Stufe mit Tieren noch akzeptabel, solange sie nicht auch nur ansatzweise menschliches Niveau erreichen? Dann bin ich vielleicht ein Anthropozentriker, für den Roboter ähnlich wie Nutzvieh einen instrumentellen Wert haben, mehr jedoch nicht. Sind meine Zimmerpflanzen und Stofftiere, mein Smartphone oder Auto für mich mehr als nur materielle Objekte? Dann könnte ich ein Animist sein (Ebene der Physiozentrik/Techn ozentrik) und glaube vielleicht auch an lebende, empfindsame Maschinen mit eigenen Namen und Charakteren. Eventuell ergibt sich für mich aber auch gar kein Vergleich zu Tieren, Pflanzen oder Menschen. Sind Roboter für mich etwas ganz Eigenständiges mit außerordentlichen Gaben und höchster moralischer Integrität in jeder Aktion? Dann bin ich vielleicht ein Robozentriker, der von übermenschlichen moral agents träumt.

Allein diese Suche nach einer möglichen persönlichen Position kann schon sehr viel zu erfolgreichen rationalen Abwägungen und Debatten beitragen. Denn wenn die Voraussetzungen der eigenen Argumente geklärt sind, lassen sich diese viel präziser mit den Ideen, Vor- und Nachteilen anderer Parteien vergleichen. Abb. Band 1, 3.2 lässt sich jedoch auch methodisch nutzen. Sie bildet gradualistisch die Stufen der Priorität des Schutzes ab. Menschen stehen ganz oben (von den Träumen der Robotermenschen oder übermenschlichen Maschinen einmal abgesehen). Insofern bildet die Grafik auch die Abwägungsprämissen rationaler Ethik ab und visualisiert einen methodischen Anthropozentrismus – da der Mensch begrifflich die kleinste Teilmenge bildet und wir Menschen rational in unseren Begriffen über Moral nachdenken. Zu guter Letzt lässt sich die Abbildung aber auch schlicht als anregender Vorschlag zur umfassenden Verbesserung verstehen. Sie fordert, wie alles in der Wissenschaft, zur ständigen kritischen Prüfung und Überarbeitung auf.

3.3 Natur und Kultur

Wie bereits angedeutet sind Natur und Kultur getrennt dargestellt, ohne zu definieren, was Natur und Kultur ist. Zudem haben wir noch nicht betrachtet, was Leben ist. Beginnen wir mit Letzterem. Leben ist ein Begriff mit vielen Bedeutungen. Grob lassen sich ein **weiter und enger Lebensbegriff** unterscheiden (Funk et al. 2019). In der engen Bedeutung werden methodisch reduziert unter Leben organische Funktionen und Prozesse oder die Modellierung/Simulation lebender Systeme durch Computer verstanden – wobei damit nicht behauptet ist, dass die Software oder Rechner selbst leben würden. So ist der Lebensbegriff der modernen Biologie enger als der im alltäglichen Sprechen und in der Philosophie verwendete (Wolters und Mittelstraß 2010; Brenner 2009). Gleiches gilt für die Robotik und KI. Um die weite Bedeutung zu sehen betrachten wir die kulturelle Hintergrundstrahlung, wie sie als besondere methodische Herausforderung bereits angesprochen wurde (Abschn. 2.3). Das Wort **Leben** ist historisch sehr alt und trägt entsprechend vielfältige Bedeutungsschichten in sich. Die verschiedenen Bedeutungen begegnen heute in der alltäglichen und fachlichen Rede immer wieder. **Aristoteles** hat wie in vielen anderen Feldern so auch in diesem prägende Vorarbeiten geleistet (zu Aristoteles und der modernen Biologie siehe Heinemann und Timme (Hg.) 2016). Bei ihm findet sich die altgriechische Unterscheidung in *bios, zôê* und *psyche. Bios* entspricht Verhalten, Lebensstil, Lebenszeit und -dauer. Politischer gemeinschaftlicher Lebensstil mit seinen Pflichten und Normen ist kennzeichnend für den typisch menschlichen *bios* (Ricken 2005; *Pol VII 1, 1323a-VII, 17, 1337a,* Aristoteles 2012, S. 254–297). *Zôê* steht für tierisches und pflanzliches Leben (Althoff

2005). Aristoteles entwickelt damit ein naturphilosophisches Verständnis des Lebens, das auch für die Entwicklung der Biologie als Naturwissenschaft in der Neuzeit wegweisend ist. Über den modernen sprachlichen Reduktionismus in der Biologie hinaus enthält der Lebensbegriff des Aristoteles *(bios)* aber auch eine politisch-ethische Dimension. Leben ist in dieser weiten Bedeutung mehr als nur ein Forschungsobjekt der biologischen Wissenschaften, sondern auch der Sozialwissenschaften, Ethik und Philosophie insofern es um (Sozial-)Verhalten und Lebensstil geht (Wolters und Mittelstraß 2010, S. 475).

Eine weitere wichtige Unterscheidung ist die zwischen **künstlichen und natürlichen Körpern.** Lebende Körper sind eine Teilmenge der natürlichen Körper und gekennzeichnet durch eigene innere Ursachen für Lebensprozesse wie Bewegung, Ernährung, Wachstum und Verfall (Althoff 2005). In der aktuellen (Evolutions-)Biologie wird die Zelle als Grundstruktur lebender Systeme gesehen. Sie ist gekennzeichnet durch Metabolismus (Stoffwechsel mit der Umwelt), Selbstreproduktion (Fortpflanzung) und Mutagenität (Mutationen als Vorbedingung der Evolution) (Wolters und Mittelstraß 2010, S. 474; Kutschera 2008). Für Aristoteles waren die Arten konstant. Erst Mitte des 19. Jahrhunderts verhalf Charles Darwin der Evolutionstheorie, und mit ihr dem Axiom einer Veränderlichkeit der Arten, zum Durchbruch. Im klassischen antiken Verständnis werden die inneren Prinzipien und Ursachen lebender Körper nach Aristoteles als *psychê* bezeichnet (Busche 2005, S. 505). Sie wirken als innere Fähigkeiten des lebenden Körpers zielstrebig hin zur organischen Perfektion *(entelecheia, telos).* Ohne noch tiefer in die Terminologie und Theorie der klassischen Aristotelischen Lehre einzutauchen, sei zumindest noch auf die verschiedenen **Seelenteile** hingewiesen. Die Seele ist nach Aristoteles aus unterschiedlichen Segmenten zusammengesetzt (vegetativ, sensitiv und rational). Einige Seelenteile befinden sich in den Organen des lebenden Leibes während andere wie das Denken davon losgelöst sind (ebd. S. 510–512; *De an II 1, 412a-II 3, 415a,* Aristoteles 2017, S. 66–87). Die Unterscheidung verschiedener Seelenteile, die sich teilweise im Körper befinden, teilweise außerhalb des Körpers, verweist auf das Körper-Geist-Problem. Wir werden uns dieses in *Band 4, 3* genauer ansehen, da es auch für die Begriffe der Hardware, Software und Wetware in der Informatik, künstlichen Intelligenz und Spracherkennung bedeutsam ist. Von Interesse an dieser Stelle ist jedoch der Unterschied zwischen künstlichen und natürlichen Körpern. Er kennzeichnet die angesprochene Trennung zwischen Natur und Kultur. Für Aristoteles ist Kultur, wozu auch Technik und Architektur zählen, von Menschen gemacht. Im Gegensatz dazu ist Natur aus nicht menschlichen Ursachen entstanden. Die Auffassung der Natur als urwüchsigem Gegenteil der Zivilisation und humanen Industriekultur wurde im 18. und 19. Jahrhundert z. B. auch von den Dichtern und Künstlern der Romantik vertieft und wirkt bis heute nach (Coeckelbergh 2017).

Wird dieser strenge Gegensatz von Natur und Kultur angenommen, dann gehören Roboter und KI zur nicht lebenden künstlichen Umwelt. Unter welchen Bedingungen könnten wir von lebenden Maschinen sprechen? Nehmen wir an, Roboter bestehen aus Kupfer, Eisen, Kunststoffen und diversen anderen nicht organischen Materialien. Der Begriff *zôê* steht für botanische und zoologische Lebensprozesse. Er entfällt in dem

Fall per definitionem. *Bios* beschreibt Lebensstile, die beim Menschen auch politisch und ethisch sind. Theoretisch wäre es möglich das Verhalten von Robotern mit einem eigenen Lebensstil zu beschreiben – wenn der Begriff des *bios* über Aristoteles hinaus gestreckt würde. Dieser könnte vielleicht Robo-Lifestyle heißen. Voraussetzung dafür ist jedoch, dass sich Roboter verhalten können und nicht nur Funktionen erfüllen. Insofern *psyche* Prinzipien und Ursachen organischer lebender Körper beschreibt, scheidet diese Bedeutung des Wortes Leben für diejenigen Roboter aus, die nicht aus organischen Materialien gemacht sind (linke Spalte I. in Abb. Band 1, 3.3). In Anbetracht der Trennung einiger Seelenteile vom Körper, hierzu zählt das Denken, könnten wir aber annehmen – über Aristoteles deutlich hinausgehend –, dass zumindest das nicht organisch gebundene Denken durch einen Roboter erfüllt werden könnte. Ein Roboter hätte deswegen jedoch nicht per se eine komplette Seele und es würde daraus auch begrifflich nicht folgen, dass Roboter der genannten Art Moral hätten. Die Frage, ob Roboter leben, hängt schlussendlich von vielen Definitionen und terminologischen Voraussetzungen ab. Betrachten wir exemplarisch eine andere terminologische Variante, die in den aktuellen Debatten ebenfalls eine wichtige Rolle spielt.

Aristoteles konnte nicht wissen, dass wir seit den 1970er-Jahren mit der Gentechnik Grundsteine für die synthetische Biologie legen. Die Frage nach lebenden Maschinen findet sich also auch jenseits der künstlichen Intelligenz und Robotik im engeren Sinne, wenn es um die Simulation evolutionärer Prozesse oder organischer Roboter geht (Mainzer 2016, S. 81–97; Irrgang 2005). In der **synthetischen Biologie** wird mit den Mitteln organischen Materials an komplett künstlichen biologischen Zellen gearbeitet. Organisches Leben wird nicht mehr nur durch Züchtung, sondern auch durch (Bio-) Ingenieurmethoden im Labor verändert. Die seit der Antike überlieferte Unterscheidung zwischen natürlichen Lebewesen und künstlichen, vom Menschen erschaffenen Werkzeugen wird infrage gestellt (Mittelstraß 2013, S. 502). Dementsprechend gibt es auch intensive Debatten, ob sich Natur und Kultur überhaupt trennen lassen (Compagna (Hg.) 2015; Gerhardt und Nida-Rümelin (Hg.) 2010; Illies 2010; Toepfer 2013, S. 92–105). Ein gezüchtetes Nutztier ist organisch-evolutionär gesehen zunächst natürlichen Ursprungs, jedoch durch Kulturtechniken der gezielten Verpaarung von Menschen wesentlich verändert. Denken wir etwa an die vielen Arten der Haushunde, die schon auf den ersten Blick mit wildlebenden Hunden und Wölfen nicht mehr viel gemein haben.

Gleiches gilt für die moderne Biotechnologie, in der ein methodisch und sprachlich reduzierter enger Begriff von Leben angewendet wird: Leben ist ein System, das sich im Laboratorium künstlich gestalten lässt (und darüber hinaus noch prozessuale Kriterien des weiten Lebensbegriffs erfüllen muss). Die methodische Pointe besteht darin, dass wir DNA und die molekularen Grundlagen des Lebens nicht ohne Eingriff in der „freien" Natur beobachten können. Wir müssen die Natur im Labor zuallererst technologisch aufbereiten, um sie als „Natur" in ihren biochemischen Details experimentell wahrnehmbar zu machen. Wird Natur im Labor technisch verarbeitet bevor wir sie als Natur beschreiben, dann ist sie bereits ein technisch-künstliches Produkt, also eine Kulturleistung. Hinzu tritt die sprachliche Überformung. Wir interpretieren Natur im

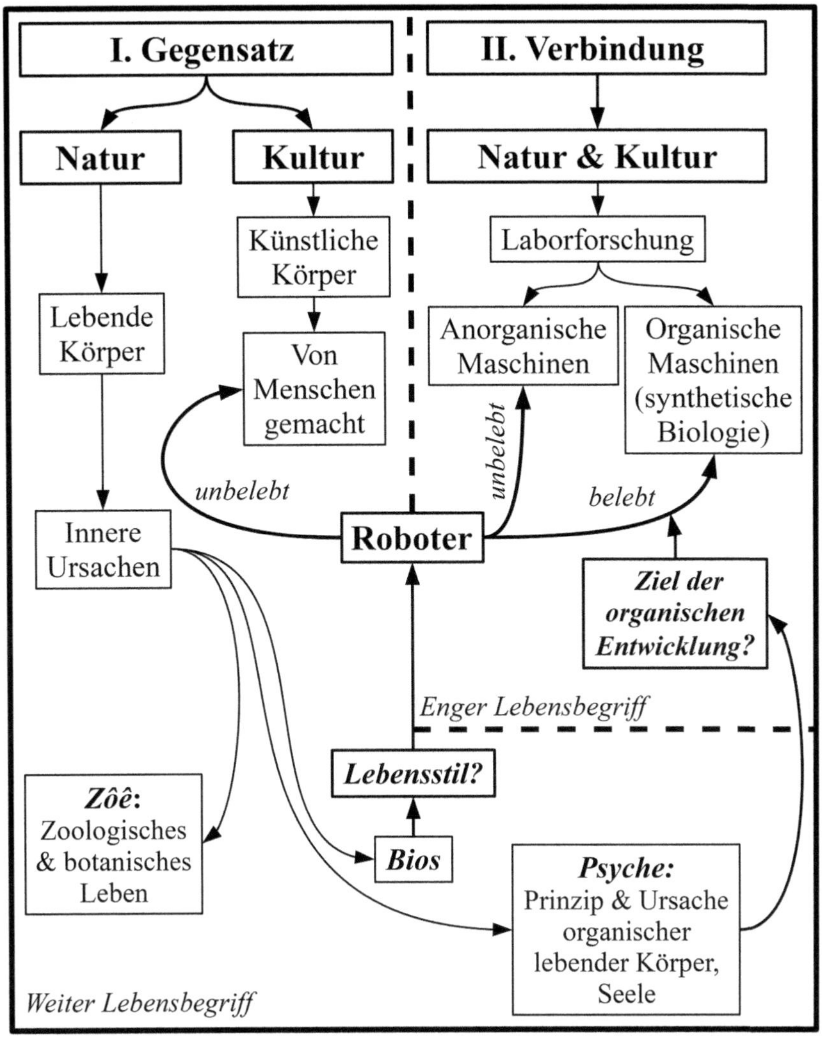

Abb. Band 1, 3.3 Zwei Annahmen über das Verhältnis zwischen Natur und Kultur und mögliche Folgen für den Begriff lebender Roboter

Korsett unserer Taxonomien, Klassifikationen und begrifflichen Bedeutungsraster. Sobald wir über Natur reden, machen wir sie bereits zur Kultur (Janich 2006). In der funktional-reduktionistischen Methode und Sprache der modernen Biologie sind Fragen des politischen oder ethischen Lebensstils ausgeschlossen, wie auch der leiblichen Empfindung jenseits biochemischer oder biophysikalischer Analysen (Kambartel 1997). **Synthetische Organismen** werden technisch, wissenschaftlich und sprachlich behandelt wie „lebende organische Werkzeuge", konkrete Mittel designt für Zwecke. Sowohl der

Begriff des Lebens als auch der Begriff der Maschine verändern sich von biologischer Seite her (Toepfer 2011, 2016).

Momentan verläuft die Robotikforschung der Informatik, Mechatronik und Elektrotechnik weitestgehend parallel zur Biotechnologie. Aber sobald sich beide Bereiche fortentwickelnd stärker durchdringen und organische, vielleicht selbstorganisierende Materialien für Roboter verwendet werden, dann wird auch synthetische Biologie zum Gegenstand der Roboterethik. Wir reden dann von Biorobots, wobei aufgrund der minimalen Größe von wenigen Nanometern auch von **Nanorobots oder Nanobiotechnologie** gesprochen wird (Grunwald 2012, S. 178). Für die Frage nach moralischen Maschinen wäre dieser Umstand bedenklich. Denn wenn moralisches Verhalten an die Potentiale organischen Materials, wie beim Menschen, geknüpft wäre, dann geriete die Verbindung aus Bioingenieurmethoden und klassischer Robotik zu einer notwendigen Bedingung für lebende moralische Maschinen. Trotz des aktuellen Booms selbstlernender Algorithmen, von Big Data und Deep Learning werden entscheidende Schritte auf dem eventuellen Weg zu moralischen Maschinen wohl auch von Biologinnen gegangen (Vertiefung der KI als Paradigma der Robotik sowie synthetischen Biologie in *Band 3, 4* und *Band 4, 3.4*).

So wie wir bei einem künstlich designten synthetischen Organismus nach dem „artgerechten Lebensstil" fragen können, ergibt sich bei organischen Robotern theoretisch ebenfalls die Frage nach einem entsprechenden robogerechten Lebensstil *(bios)*. Mehr noch, insofern *psyche* Prinzip und Ursache organischer lebender Körper ist, stellt sich dann auch die Frage nach dem Wachstumsziel, der Perfektion *(entelecheia, telos)*. Müssten wir entweder jede Evolution in diesen lebenden Geräten ausschalten, damit sie stets ihre Funktion erfüllen können – wie in der Debatte um synthetische Biologie argumentiert wird (Toepfer 2016, S. 84)? Oder dürfen bzw. sollen Biorobots sogar eine körperliche Entwicklungsdynamik aufweisen, die über den Status als Mittel zur menschlich vorgegeben Zweckerfüllung hinausreicht? Und schließlich wären auch die an Organe gebundenen Seelenteile in einem solchen Biorobot zumindest dem Begriff nach möglicherweise vorhanden. Ein Roboter dieser Art hätte eine vollständige Seele und vielleicht auch die organisch-dynamischen Grundlagen für Moral (rechte Spalte II. in Abb. Band 1, 3.3).

Die Frage nach lebenden Robotern schwebt momentan in einem spekulativen Raum. Auch hier hängen die wegweisenden Antworten von uneinheitlich definierten Begriffen ab. Außerdem sind die Prüfkriterien unklar. Was muss technisch wie realisiert werden, um lebende Roboter zu designen? Eine weitere spekulative Frage hierzu: Wenn Roboter einen selbst entwickelten Lebensstil aufweisen, müsste dieser durch geltendes Recht als frei und würdevoll gesichert werden? Das alles ist Zukunftsmusik jenseits aktueller technischer Realität. In der synthetischen Biologie wird an Einzellern geforscht. Das Design komplexerer Lebensformen ist aktuell utopisch. Jedoch ergeben sich diese und weitere Fragen, wenn wir wirklich annehmen, dass Maschinen Moral haben könnten. Weniger utopisch ist die aus dem weiten Lebensbegriff folgende Frage nach dem politischen und psychosozialen Leben eines Roboters, gleich ob dieser aus organischem oder anorganischem Material geschaffen wäre. Wenn wir annehmen, dass es selbstlernende Algorithmen gibt, deren Selbststrukturierung von IT-Expertinnen nicht vorhergesagt werden kann, dann könnte bei einem entsprechend technisch-funktionalem Verständnis des *bios* tatsächlich über eigene Verhaltensformen von Robotern nachgedacht werden. Eventuell stünde uns eine Kategorie technischen Lebens bevor. Aber noch einmal: Die Frage nach den Begriffskriterien bleibt auch dann drängend. Warum ergibt es Sinn, von technischem Leben zu reden, wo wir doch Geräte als Mittel für Zwecke entwickeln (siehe die Technikbegriffe in *Band 2, 3.2*)?

Vielleicht prägt sich die zufällige semantische Kongruenz zum BIOS, dem *basic input output system,* gar als Treppenwitz der IT-Debatte ein. Es gibt hier anhaltenden Klärungsbedarf, auch die Grenzen zu Science-Fiction sind fließend. Dementsprechend vielfältig nehmen sich die Debatten gerade in dieser zweiten Bedeutung der Roboterethik aus (Abschn. 6.3). Eine Frage, die wir uns aktuell vorsichtshalber stellen sollten: Dürfen wir Moral in Maschinen nachbauen, wenn wir es könnten? Und: Gibt es allgemeine moralische oder ethische Gründe etwas zu unterlassen, das wir wissenschaftlich-technisch tun könnten? Finale Antworten stehen aus. Es wäre falsch, in vorliegendem Buch den Anschein zu erwecken, dass sich auf dem Silbertablett einiger Buchseiten die perfekte Lösung von selbst ereignet. Vielmehr soll ein klärender und anregender Beitrag zur ohnehin notwendigen *sprachkritischen* und methodisch-strukturierten transdisziplinären Diskussion geleistet werden. Bleiben wir skeptisch. Auch das hier geschriebene mag nicht ohne Widerrede und alternative Ansätze stehen bleiben.

Hintergrund: Was ist Sprachkritik?

In der Philosophie gibt es seit dem Ende des 19. Jahrhunderts eine Zuwendung zum Thema Sprache, die auch als *linguistic turn* bezeichnet wird. Gottlob Frege (1848–1925) und Ludwig Wittgenstein (1889–1951) gelten als zwei der bedeutendsten Vertreter. Frege setzte sich in formal logischen Untersuchungen mit der Unterscheidung zwischen Sinn und Bedeutung auseinander (Frege 2008). Er legte die Grundlagen der modernen Logik und beeinflusste ebenfalls die moderne Mathematik. Nach frühen logisch orientierten Untersuchungen idealer Sprachen (Wittgenstein 2006a) wandte sich Wittgenstein später der Alltagssprache und der oft theoretisch nicht perfekten Praxis des Sprechens zu (Wittgenstein 2006b). In seiner sogenannten Gebrauchstheorie der Bedeutung deckt Wittgenstein auf, dass Bedeutung durch die gelingende soziale Anwendung von Worten entsteht. Definitionen sind dem nachgeordnet. Daraus ergeben sich verschiedene methodische Implikationen. Ein Beispiel sind übersichtliche Darstellungen, in denen Missverständnisse des Redens und unbewusste Wertungen in der Wortwahl aufgezeigt werden sollen (Gabriel 1995). In vorliegender Buchreihe *Grundlagen der Technikethik* wird dem entsprechend auch mit bildlichen Darstellungen der Bedeutungsschichten im Gebrauch unterschiedlicher Termini gearbeitet (z. B. Abb. Band 1, 3.2).

Kritisch wird die Alltagssprache als historische, kulturelle und methodische Grundlage der Fachsprachen analysiert. Durch Prototheorien wird im Fortgang der methodische Aufbau wissenschaftlicher und technischer Praxis und Theoriebildung erklärt. Entscheidend ist dabei die Einsicht, dass Sprachen, Experimente, der Umgang in Laboratorien, wissenschaftliche Theorien oder auch technische Faustregeln auf Interpretationen und Konstruktionen fußen. Sie bilden wiederholbar den gelingenden Umgang der Menschen mit ihren Umwelten ab (Funk und Fritzsche

2021; Dingler 1987; Janich 2006; Kambartel 1989; Kamlah und Lorenzen 1967; Lenk 1993; Mittelstraß (Hg.) 2008; Rentsch 2003). Wie bereits im Zusammenhang mit der kulturellen Hintergrundstrahlung (Abschn. 2.3) erwähnt, ist die Sprachkritik auch ein konstitutiver Bestandteil methodischer Philosophie und Ethik. Denn Sprache ist sowohl das Mittel (Vortrag, Publikation von Texten) als auch der Untersuchungsgegenstand. Allein durch terminologische Klärungen lassen sich praktische Misserfolge durch unklaren Begriffsgebrauch oder unabsichtliche Vorurteile infolge ungenauer Wortwahl vermeiden. Ziel des vorliegenden Buchs ist darum vor allem systematische Begriffsarbeit. Dementsprechend soll auch ethischen Fragen und deren Antwortversuchen methodisch strukturiert begegnet werden.

3.4 Was ist Moral?

Nun aber zur entscheidenden Frage: Was ist eigentlich **Moral**? Moral ist in der klassischen Definition ein Kennzeichen menschlichen Verhaltens. Jeder Mensch, jede Gemeinschaft folgt bestimmten Werten, Normen, Regeln, Idealen von Gut und Böse und allgemeinen Handlungsorientierungen, die sich auch in Institutionen abbilden. Ohne Moral bzw. Sitten können Menschen nicht existieren, weder miteinander noch alleine. Dabei ist gelebte Moral sehr vielfältig. Was in der einen Gemeinschaft als gut empfunden wird, stößt andernorts auf Verachtung. Vom Lügen über Ernährungsgewohnheiten, von Kleidung über Ausdrucksformen, von Geschäftsgebaren über das Liebesleben, orientieren wir uns normativ unterschiedlich aber auch in wiederholbaren Mustern. Wenn wir jemanden tadeln mit den Worten „Du bist unmoralisch!“, dann heißt das genau genommen nicht, dass die Person keine Moral hat, sondern dass sie/er gegen unsere Sitten verstößt (Birnbacher 2007, S. 7–56; Fenner 2008, S. 5–8; Frankena 2017, S. 6–11; Höffe 2013, S. 10–11; Kettner 2006; Pieper 2017, S. 22–35; Ricken 2013, S. 81–137). Selbst ein Mörder kann sich, ganz subjektiv gesehen, moralisch für einen makellosen Menschen halten. Moral ist so kontingent, dass sie von außen betrachtet manchmal höchst widersprüchlich erscheint. Zum Beispiel kann ein Mafiosi sonntags in die Kirche gehen und unter strengster Missachtung geltenden Rechts und der zehn Gebote am Montag – aus seiner Sicht moralisch korrekt – jemanden aus Rache töten. Sobald wir anfangen darüber nachzudenken, Widersprüche dieser Art aufzudecken und argumentativ zu durchdringen, betreiben wir Ethik (Abschn. 4.1). Analytisch ist Moral gekennzeichnet durch

1. moralische Urteile, in denen menschliches Handeln durch Menschen positiv oder negativ bewertet wird.
2. Die **moralischen Urteile** gelten kategorisch unabhängig von persönlichen Interessen und Zwecken,
3. sind intersubjektiv verbindlich, also allgemeingültig,
4. und universalisierbar, also in „logisch allgemeiner Form“ ausdrückbar (nach Birnbacher 2007, S. 12–42, hier besonders S. 13).

Was als allgemeingültig und universalisierbar gebotene oder verbotene Handlung gilt, kann sich wie gesagt im realen Leben verschiedener Gemeinschaften stark unterscheiden. Wieder analytisch lassen sich zusätzlich **spezielle, allgemeine und außermoralische Werturteile** unterscheiden (Frankena 2017, S. 10–11). Zum Beispiel:

1. „*Ich* sollte meinen Nachbarn mit *dieser* Drohne nicht ausspionieren" (*spezielles* moralisches/ethisches Urteil).
2. „*Alle* Menschen haben ein Recht auf Privatsphäre, Roboter jedoch nicht" (*allgemeines* moralisches/ethisches Urteil).
3. „Das ist eine gute Drohne. Sie ist schon fünfmal abgestürzt und *funktioniert* immer noch blendend" (*außermoralisches* Werturteil).

Besonders die Unterscheidung zwischen moralischen und außermoralischen Werturteilen ist methodisch essenziell. Sie wird uns auch im Zusammenhang mit möglichen Fehlschlüssen in der Ethik beschäftigen (Abschn. 4.6). Wenn wir beispielsweise den Urheber der dritten Aussage kritisieren wollen, dann bezeichnen wir ihn zunächst nicht als unmoralisch, sondern als anspruchslos oder gar als dumm. Denn eigentlich müsste er eine Drohne, die so oft abstürzt, reklamieren anstatt sie als „blendend" zu beschreiben. Hier geht es um den funktionalen Wert des Geräts, nicht um die moralische Handlung des Menschen. Ein moralisches Urteil entsteht, wenn wir sagen: „Wer mit fehleranfälligen Drohnen über den Köpfen anderer Menschen kreist, handelt verantwortungslos. Und weil du dabei auch noch um die technischen Mängel weißt, gehörst du bestraft (z. B. Entzug eines eventuellen Drohnenführerscheins)." Der erste Satz eröffnet die moralisch normative Bedeutungsebene mit einem allgemeinen Urteil. Im folgenden Satz findet sich die spezielle moralische Wertung des konkreten Urhebers von Aussage 3.

▶ **Definition: Moral** Moral bzw. Sitten kennzeichnen Verhaltensnormen menschlicher Lebensstile und menschlichen Sozialverhaltens. Sie drücken sich aus in alltäglichen Überzeugungen, Gewohnheiten, Bräuchen, Riten, Liturgien, Sprechweisen, Werten, Normen, Regeln, Sanktionen, Urteilen oder Institutionen menschlichen Handelns, und sie betreffen zwischenmenschliche Beziehungen wie auch das Umgehen mit belebten, nicht belebten, natürlichen und kultürlichen Umwelten. Zur unbelebten Umwelt zählen als technische Mittel auch Roboter und KI. Moral bzw. Sitten sind kontingent und abhängig von Kultur, Religion, Geschichte und Sozialstruktur einer Gemeinschaft unterschiedlich ausgeprägt. Wie im Fall des Kannibalismus, der Menschenopfer oder Todesstrafe ist selbst das Tötungsverbot anderer Menschen nicht universell überliefert.

In den Debatten zur Roboterethik wird häufig über die klassische Definition von Moral hinausgehend der aus der Umweltethik bekannte Terminus **(moral) agency** gebraucht **(William Frankena).** Maschinen sollen, wie wir gesehen haben, mit diesem Terminus als mögliche moralische Akteure bezeichnet werden. Unter **(moral) patiency** ist, wie wir ebenfalls angesprochen haben, der moralische Wert zu verstehen, den ein Roboter besitzt. Auch ohne selbst moralisch zu agieren (agency), könnte eine Maschine unter bestimmten Bedingungen moralisch schützenswert sein oder sogar eigene Rechte beanspruchen (patiency). Die Frage wäre dann auch, in welchem Verhältnis ein Roboter zu Tieren oder Kleinkindern steht. Ist er ein Werkzeug, dann sind Babys und Tiere schützenswerter. Könnte er selber jedoch die kognitiven Fähigkeiten moralischen Verhaltens entwickeln, dann ließe sich argumentieren, dass er auf einer Stufe mit Kleinkindern stünde. Ein solches Argument ist in Anbetracht der aktuellen technischen Möglichkeiten nicht überzeugend, zeigt aber die Nähe der Roboterethik zu anderen Bereichsethiken auf. In der Tierschutzethik sorgt z. B. Peter Singer regelmäßig für Kontroversen mit seinem Argument des Speziesismus und dem daraus folgenden Umgang mit Menschen und Tieren. Die grundsätzliche Bevorteilung des Menschen gegenüber anderen Lebewesen sei nach Singer nicht gerechtfertigt. Es gebe keine guten Gründe, aus der Zugehörigkeit zu einer bestimmten Spezies eine erhöhte Schutzbedürftigkeit abzuleiten. Einem utilitaristischen Ansatz folgend, wären die Präferenzen und Interessen von Tieren gleichwertig zu berücksichtigen (Singer 2016).

Es liegt auf der Hand, dass Argumente dieser Art auch von Befürworterinnen der Roboterrechte ins Feld geführt werden – immer unter der Voraussetzung, dass Roboter als Lebewesen und nicht als technische Mittel angesehen werden. Postulieren wir die Überbietung menschlicher Intelligenz und Fähigkeiten, dann ließe sich für eine dem Menschen übergeordnete Stufe der Roboter streiten. In Abb. Band 1, 3.2 entspricht dem die Ebene der Cyborgs und menschlichen Maschinen. Oder wir gehen alternativ, im Paradigma des Techno- bzw. Robozentrismus, davon aus, dass Roboter eine völlig eigene Form des moralischen Akteurs und Rechtssubjekts darstellen könnten (in Abb. Band 1, 3.2 entsprechend die Stufen der vertikalen Kategorie Robozentrik). Sollten Maschinen tatsächlich eigene Rechte erhalten, dann ist das letztere Szenario am wahrscheinlichsten, unabhängig davon, ob Roboter wirklich über Menschen stehen können und dürfen.

▶ **Definition: moral agent und moral patient** Unter einem moralischen Akteur (moral agent) verstehen wir das Subjekt moralischer Handlungen. Er ist aktiv der Moral fähig. Ein moralischer Wertträger (moral patient) besitzt einen moralischen Wert, und ist darum schützenswert, ohne selbst notwendigerweise moralisch aktiv zu sein. Jeder Mensch ist ein moral agent – seltene Ausnahmen z. B. aufgrund von Erkrankungen werden in der Medizin- und Bioethik diskutiert. Jeder moral agent ist ein moral patient. Aber nicht jeder moral patient ist ein moral agent. Es gibt moralische Wertträger, die selbst nicht Subjekte moralischer Handlungen sind. Tiere haben z. B. einen moralischen Wert. Wir dürfen sie nicht quälen oder grundlos töten. Gleichzeitig verhalten sich Tiere anstatt zu handeln. Auch wenn sie wertvoll sind, können sie nicht selbst moralische Akteure sein. In der Roboterethik stellt sich die Frage, ob Maschinen oder Computerprogramme einen besonderen moralischen Wert haben (neben dem pragmatischen Wert des instrumentellen

Nutzens). Außerdem wird untersucht, ob und unter welchen Umständen sie als moral agents infrage kämen. Damit sind die Grenzen der klassischen Definition von Moral, die nur Moral menschlichen Handelns kennt, überschritten. Im Fall von Robotern und Computern sind alle 4 Kombinationen theoretisch möglich: Sie könnten 1) nur moral patients sein, 2) moral patients und gleichzeitig moral agents, 3) nur moral agents oder 4) weder noch.

In der zweiten Bedeutung des Wortes fokussiert Roboterethik momentan Maschinen aus der klassischen Robotikforschung. Es könnten aber bald auch Geräte aus der synthetischen Biologie und Nanotechnologie hinzutreten. Mit dieser Bedeutung weist die Roboterethik ein Unterscheidungsmerkmal zu anderen Bereichsethiken auf. Sie thematisiert die Moralität technischer Mittel und wirkt dabei konzeptionell auch auf weitere technikphilosophische Fragestellungen ein. So z. B. auf die Frage: Ist ein Roboter noch ein Werkzeug/Mittel oder mehr als das? Wenn ein Roboter ein Werkzeug oder im weiteren Sinne des Wortes ein Mittel zur Erfüllung von Zwecken ist, soll dieses moralische Entscheidungen treffen, wenn es dies könnte? Sollen und Dürfen auf der einen sowie Wissen, Erkennen und Können auf der anderen bilden zwei Seiten einer Medaille. Die eine heißt praktische Philosophie und steht im Mittelpunkt des vorliegenden Buches sowie von *Band 2*. Theoretische Philosophie ist die andere und wird uns besonders in *Band 3* und *Band 4* beschäftigen, unter anderem, wenn es um die verschiedenen Begriffe künstlicher Intelligenz geht. Schauen wir nun im anschließenden Kapitel auf die dritte Bedeutung der Roboterethik. Denn hier steht das Wort Ethik explizit im Fokus.

Übersicht: Können und dürfen Maschinen moralisch handeln?

Die zweite Bedeutung der Roboterethik bezieht sich auf die Diskussion, unter welchen Bedingungen und wie eine Maschine moralisch handeln oder funktionieren könnte. Sie umfasst 4 Aspekte: 1) Die theoretische Frage, was die logischen, kognitiven, sozialen und/oder organischen Voraussetzungen für Moral sind – und ob sich diese in einem Roboter technisch realisieren lassen. 2) Die praktische Frage, ob wir Moral in Maschinen realisieren dürfen, wenn wir es könnten. 3) Die abschätzende Frage, was daraus folgt, wenn wir es könnten und dürften: Müssten Roboter dann eigene Rechte erhalten, wären sie im juristischen Sinne Rechtssubjekte und Personen, käme ihnen ein besonderer Wert des Schutzes zu? Hätte ein moralischer Roboter den Anspruch auf einen (wie auch immer er aussehen würde) artgerechten, freien, würdevollen Lebensstil? Oder juristisch gewendet: Wäre er strafbar, haftbar oder sogar berechtigt, eigene Patente anzumelden? 4) Die Glaubensfrage, wofür wir bereit sind Roboter zu halten, auch wider besseren wissenschaftlichen und technischen Wissens oder Unwissens.

Conclusion

Die begriffliche Möglichkeit moralischen Lebens von Robotern und KI war sprachkritischer Gegenstand des dritten Kapitels. Moral ist ein lange tradiertes und darum auch relativ klar fassbares Konzept. „Dürfen Maschinen moralisch handeln?", ist die Leitfrage, welcher die theoretische nach den technischen Möglichkeiten der Moralimplementierung gegenübersteht. Für die sozialwissenschaftliche, juristische, politische oder eben philosophische Beschäftigung mit Moral ist diese Bedeutung neu. Bisher herrschte zu Recht breiter Konsens darüber, dass Menschen die einzigen moral agents sind. Unter einem solchen verstehen wir einen moralischen Akteur, dem moralische Wertempfänger, sogenannte moral patients, gegenüberstehen. Wie bei diesen beiden Termini, so steht die Umweltethik auch Pate für andere begriffliche Unterscheidungen, die im Rahmen der Roboterethik wieder begegnen. Roboter gehören als menschengemachte Mittel auf den ersten Blick nicht zur belebten Umwelt von Menschen. Eine andere Frage ist, ob Roboter trotzdem leben könnten und zum künstlichen Teil der belebten Natur würden. Lassen sich Natur und Kultur, natürlich und künstlich, überhaupt trennen? Welche Rolle spielt die synthetische Biologie für künftige potenziell moralische Maschinen (denn hier wird mit organischem, eher lebensfähigem, statt anorganischem Material operiert)? Hierzu gibt es verschiedene Ansichten, die begrifflich auch auf die Bewertung moralischer Roboter durchschlagen. Anthropo-, Bio- und Physiozentrik sind bekannte Kategorien zur graduellen Beschreibung. Als eine aus der Technozentrik erwachsende Schublade stellt sich die Robozentrik als neues Begriffsraster dar. In diesem könnten eventuelle moralfähige Roboter und Computerprogramme abgebildet werden. Die Anschlussfrage des rationalen Nachdenkens über Moral, also Ethik, ist Gegenstand des folgenden Kapitels. Welche moralischen Regeln wir in Maschinen implementieren sollten, wenn wir es könnten und dürften, betrifft den Moralkodex oder Ethos. Dieser wird in Kap. 5 vorgestellt.

Literatur

Althoff J (2005) „zôê/Leben." In Höffe O (Hg) Aristoteles-Lexikon. Kröner, Stuttgart, S 614–616

Aristoteles (2012) Politik. Übersetzt und mit einer Einleitung sowie Anmerkungen herausgegeben von Eckart Schütrumpf. Felix Meiner, Hamburg

Aristoteles (2017) Über die Seele. De anima. Griechisch – Deutsch. Übersetzt, mit einer Einleitung und Anmerkungen herausgegeben von Claus Corcilius. Felix Meiner, Hamburg

Birnbacher D (2007) Analytische Einführung in die Ethik. 2. Auflage. de Gruyter, Berlin / New York

Brenner A (2009) Leben. Grundwissen Philosophie. Reclam, Stuttgart

Busche H (2005) „psychê/Seele." In Höffe O (Hg) Aristoteles-Lexikon. Kröner, Stuttgart, S 505–513

Coeckelbergh M (2014) „Robotic Appearance and Forms of Life. A Phenomenological-Hermeneutical Approach to the Relation between Robotics and Culture." In Funk M / Irrgang B (Hg) Robotics in Germany and Japan. Philosophical and Technical Perspectives. Peter Lang, Frankfurt a. M. u. a., S 59–68

Coeckelbergh M (2017) New Romantic Cyborgs. Romanticism, Information Technology, and the End of the Machine. MIT Press, Cambridge MA
Compagna D (Hg) (2015) Leben zwischen Natur und Kultur. Zur Neuaushandlung von Natur und Kultur in den Technik- und Lebenswissenschaften. Transcript, Bielefeld
Dingler H (1987) Aufsätze zur Methodik. Felix Meiner, Hamburg
Fenner D (2008) Ethik. Wie soll ich handeln? Francke, Tübingen
Fenner D (2010) Einführung in die angewandte Ethik. Francke, Tübingen
Frankena WK (1997) „Ethik und die Umwelt." In Krebs A (Hg) Naturethik. Grundtexte der gegenwärtigen tier- und ökoethischen Diskussion. Suhrkamp, Frankfurt a. M., S 271–295
Frankena WK (2017) Ethik. Eine analytische Einführung. Springer, Wiesbaden
Frege G (2008) Funktion, Begriff, Bedeutung. Fünf logische Studien. Vandenhoeck & Ruprecht, Göttingen
Funk M (2020) „What Is Robot Ethics? …And Can It Be Standardized?" In Nørskov M / Seibt J / Quick OS (Hg) Culturally Sustainable Social Robotics. Proceedings of Robophilosophy 2020. August 18–21, 2020, Aarhus University and online. IOS Press, Amsterdam u. a., S 469–480
Funk M / Fritzsche A (2021) „Engineering Practice from the Perspective of Methodical Constructivism and Culturalism" In Michelfelder D / Doorn N (Hg) The Routledge Handbook of Philosophy of Engineering. Taylor & Francis / Routledge, New York / London, S 722–735
Funk M / Steizinger J / Falkner D / Eichinger T (2019) „From Buzz to Burst – Critical Remarks on the Term 'Life' and its Ethical Implications in Synthetic Biology." NanoEthics, 13(3), 173–198. (Online first 14 December 2019) [(DOI) https://doi.org/10.1007/s11569-019-00361-4] [open access]
Gabriel G (1995) „Logisches und analogisches Denken. Zum Verhältnis von wissenschaftlicher und ästhetischer Weltauffassung." In Demmerling C / Gabriel G / Rentsch T (Hg) Vernunft und Lebenspraxis. Philosophische Studien zu den Bedingungen einer rationalen Kultur. Suhrkamp, Frankfurt a. M., S 157–174
Gerhardt V / Nida-Rümelin J (Hg) (2010) Evolution in Natur und Kultur. Springer, Berlin / New York
Grunwald A (2012) Technikzukünfte als Medium von Zukunftsdebatten und Technikgestaltung. Karlsruher Studien Technik und Kultur, Bd. 6. KIT Scientific Publishing, Karlsruhe
Heinemann G / Timme R (Hg) (2016) Aristoteles und die heutige Biologie. Vergleichende Studien. Lebenswissenschaften im Dialog 17. Karl Alber, Freiburg
Höffe O (2013) Ethik. Eine Einführung. C.H. Beck, München
Illies C (2010) „Biologie statt Philosophie? Evolutionäre Kulturerklärungen und ihre Grenzen." In Oehler J (Hg) Der Mensch—Evolution, Natur und Kultur. Beiträge zu unserem heutigen Menschenbild. Springer, Heidelberg, S 213–231
Irrgang B (2005) Posthumanes Menschsein? Künstliche Intelligenz, Cyberspace, Roboter, Cyborgs und Designer-Menschen – Anthropologie des künstlichen Menschen im 21. Jahrhundert. Franz Steiner, Stuttgart
Janich P (2006) Kultur und Methode. Philosophie in einer wissenschaftlich geprägten Welt. Suhrkamp, Frankfurt a. M.
Kambartel F (1989) Philosophie der humanen Welt. Abhandlungen. Suhrkamp, Frankfurt a. M.
Kambartel F (1997) „Normative Bemerkungen zum Problem einer naturwissenschaftlichen Definition des Lebens." In Krebs A (Hg) Naturethik. Grundtexte der gegenwärtigen tier- und ökoethischen Diskussion. Suhrkamp, Frankfurt a. M., S 331–336
Kamlah W / Lorenzen P (1967) Logische Propädeutik. Vorschule des vernünftigen Redens. Bibliographisches Institut, Mannheim
Kettner M (2006) „Moral." In Düwell M / Hübenthal Ch / Werner M (Hg) Handbuch Ethik. 2. Auflage. Metzler, Stuttgart / Weimar, S 426–430

Krebs A (1997) „Naturethik im Überblick." In Krebs A (Hg) Naturethik. Grundtexte der gegenwärtigen tier- und ökoethischen Diskussion. Suhrkamp, Frankfurt a. M., S 337–379

Kutschera U (2008) Evolutionsbiologie. 3. Auflage. Eugen Ulmer, Stuttgart

Lenk H (1993) Interpretationskonstrukte. Zur Kritik der interpretatorischen Vernunft. Suhrkamp, Frankfurt a. M.

Mainzer K (2016) Künstliche Intelligenz – Wann übernehmen die Maschinen? Springer, Berlin / Heidelberg

Mittelstraß J (Hg) (2008) Der Konstruktivismus in der Philosophie im Ausgang von Wilhelm Kamlah und Paul Lorenzen. Mentis, Paderborn

Mittelstraß J (2013) „Natur." In Mittelstraß J et al. (Hg) Enzyklopädie Philosophie und Wissenschaftstheorie. Band 5: Log – N. 2., neubearbeitete und wesentlich ergänzte Auflage. Metzler, Stuttgart / Weimar, S 500–503

Potthast T (2006) „Umweltethik." In Düwell M / Hübenthal C / Werner M (Hg) Handbuch Ethik. 2. Auflage. Metzler, Stuttgart / Weimar, S 292–296

Pieper A (2017) Einführung in die Ethik. 7. Auflage. Francke, Tübingen

Rentsch T (2003) Heidegger und Wittgenstein. Existenzial- und Sprachanalysen zu den Grundlagen philosophischer Anthropologie. Klett-Cotta, Stuttgart

Ricken F (2005) „bios/Leben, Lebensweise." In Höffe O (Hg) Aristoteles-Lexikon. Kröner, Stuttgart, S 98–99

Ricken F (2013) Allgemeine Ethik. Fünfte, überarbeitete und ergänzte Auflage. Kohlhammer, Stuttgart

Singer P (2016) Animal Liberation. Die Befreiung der Tiere. 2. Auflage. Harald Fischer, Erlangen

Toepfer G (2011) „Leben." In Historisches Wörterbuch der Biologie. Geschichte und Theorie der biologischen Grundbegriffe. Band 2: Gefühl–Organismus. Metzler, Stuttgart / Weimar, S 420–483

Toepfer G (2013) Evolution. Grundwissen Philosophie. Reclam, Stuttgart

Toepfer G (2016) „The Concept of Life in Synthetic Biology." In Engelhard M (Hg) Synthetic Biology Analysed. Tools for Discussion and Evaluation. Springer, Cham u. a., S 71–88

Wittgenstein L (2006a) „Tractatus logico-philosophicus." In Werkausgabe Band 1. Tractatus logico-philosophicus. Tagebücher 1914–1916. Philosophische Untersuchungen. Suhrkamp, Frankfurt a. M., S 7–85

Wittgenstein L (2006b) „Philosophische Untersuchungen." In Werkausgabe Band 1. Tractatus logico-philosophicus. Tagebücher 1914–1916. Philosophische Untersuchungen. Suhrkamp, Frankfurt a. M., S 225–577

Wolters G / Mittelstraß J (2010) „Leben." In Mittelstraß J et al. (Hg) Enzyklopädie Philosophie und Wissenschaftstheorie. Band 4: Ins – Loc. 2., neubearbeitete und wesentlich ergänzte Auflage. Metzler, Stuttgart / Weimar, S 474–477

Können und dürfen Maschinen ethisch argumentieren? (Bedeutung 3)

4

Zusammenfassung

Neben einer Bereichsethik und Computern als moralischen Akteuren bezeichnet Roboter- und KI-Ethik auch Maschinen als Subjekte ethischen Urteilens. Um diese dritte Bedeutung geht es in vorliegendem Kapitel. Zuerst wird Ethik als Wissenschaft von der Moral definiert und auf die Begriffe des ethical agent und ethical patient eingegangen. Es wird untersucht, ob Maschinen rational moralisches Verhalten bewerten können. Dürften sie das, wenn sie es könnten? Insofern liegt das Hauptinteresse der Roboter- und KI-Ethik auf der normativen, wertenden Ethik. Exemplarisch werden deontologische Ethik, Utilitarismus und Diskursethik als 3 wesentliche Entwürfe und ihre Bedeutung für die Roboterethik vorgestellt. Kriterien ethischer Theorien sowie das Verhältnis zwischen Ethik und Erfahrung (Empirie) finden anschließend Darstellung. Von herausragender methodischer Bedeutung erweist sich dabei der Ausschluss des Sein-Sollens-, naturalistischen, anthropomorphen und robomorphen Fehlschlusses.

4.1 Was ist Ethik?

Die dritte Bedeutung der Roboterethik ist eng verwandt mit der zweiten. Und doch gibt es den wichtigen Unterschied, dass Ethik und Moral nicht synonyme Begriffe sind (Abb. Band 1, 3). Darum ist die Bedeutung der Moral im Zusammenhang mit Maschinen auch eine andere als die der Ethik. Im Alltag sagen wir zwar manchmal, dass wir z. B. eine Lüge für „unethisch" halten. Korrekt müssten wir aber von „unmoralisch" sprechen. Denn unethisch würde nur bedeuten, dass jemand nicht darüber nachgedacht hat, nicht jedoch, dass die Lüge gegen Sitten verstößt. Sitte und Moral können als synonyme Begriffe gebraucht werden. Sittlichkeit und Moralität im philosophischen

M. Funk, *Roboter- und KI-Ethik*, https://doi.org/10.1007/978-3-658-34666-9_4

Fachjargon ebenfalls. Ethik und Moral sind aber nicht das Gleiche. Sobald wir über unsere oder fremde Handlungen nachdenken sowie Begriffe und Begründungen für Sitten liefern, betreiben wir Ethik. **Ethik** ist die Wissenschaft von der Moral, Moral ist der wissenschaftliche Gegenstand der Ethik. Ethik wird darum auch als Moralphilosophie bezeichnet (Birnbacher 2007, S. 1–63; Fenner 2008, S. 3–13; Frankena 2017, S. 4–5; Höffe 2013a, S. 9–25; Pieper 2017, S. 15–50; Ricken 2013, S. 13–36). Insofern bedeutet das Wort Roboterethik auch nicht, dass Roboter Ethik hätten, sondern dass wir Menschen darüber nachdenken, wozu wir Roboter unter welchen Bedingungen einsetzen dürfen, wie und warum (Ebene I, Bedeutung 1: Roboterethik als Disziplin, Kap. 2).

▶ **Definition: Ethik** Ethik ist die Wissenschaft von der Moral und wird auch als Moralphilosophie bezeichnet. Sie unterteilt sich in Individualethik, in der das moralische Handeln von Individuen betrachtet wird, und in die Sozialethik. In der Sozialethik steht das gemeinschaftliche moralische Handeln im Mittelpunkt. Hauptgegenstand der philosophischen Ethik ist die normative Ethik. Normativ wirkt eine Ethik, wenn durch sie rational begründet handlungsleitende Werte erarbeitet werden. Auf den Gegenstand der Betrachtung, die Moral, wird regulierend eingewirkt. Neben der normativen Ethik gibt es auch die deskriptive Ethik. Diese wird eher in den Sozialwissenschaften betrieben, nicht um bestehende Moral zu ändern, sondern um praktisch gelebte Sitten dokumentierend zu beschreiben. Ethik ist eine rationale methodische Wissenschaft. Sie schließt die Metaethik ein, in welcher Sprache, Logik und Argumentationsformen der Ethik und Moral formal analysiert werden. Im nicht streng wissenschaftlichen Sinn umfasst Ethik aber auch Lebensweisheit und praktische Klugheit. In vorliegendem Buch wird von ihrer wissenschaftlichen Seite ausgegangen und von dort aus auf praktische Aspekte hingearbeitet.

Trotzdem stellt sich bei Robotern und KI nicht nur die Frage nach Moral (Bedeutung 2), sondern auch nach Ethik (Bedeutung 3). Kann ein Roboter ethisch handeln, also wissenschaftlich mit Moral umgehen? Wenn ja, wären Roboter **ethical agents**, was nicht mit moral agents zu verwechseln ist. Bei Menschen lässt sich das nur methodisch trennen, nicht jedoch ontologisch. Das bedeutet, dass jeder Mensch Moral hat und Moralphilosophie (Ethik) nicht von gelebten Sitten befreit. Methodisch verläuft dazwischen jedoch eine Grenze. Wenn z. B. ein professioneller Ethiker der Besprechung einer Tierschutzethikkommission beisitzt, muss er rational distanziert einen möglichen Tierversuch bewerten. Und wenn in der Abwägung gute Gründe für die Durchführung eines solchen Versuchs sprechen, dann ist die persönliche Gefühlswelt davon strikt zu trennen. Besitzt eine Ethikerin vielleicht selber einen Hund und misst Tieren im Privaten einen hohen moralischen Wert bei, dann muss sie trotzdem rational über den Tierversuch nachdenken. Das gilt insbesondere dann, wenn am Ende Hunde in Versuchsreihen verletzt oder getötet werden könnten (weil es überzeugende Gründe gibt, die trotzdem für die Durchführung des Versuchs sprechen: höchste Sicherheitsstandards und zu erwartende Erkenntnisse bei der Therapie schwerer Erkrankungen in der Humanmedizin).

Tierschutzethik ist nicht Gegenstand vorliegenden Buches, weshalb wir die damit verbundenen Konflikte nicht weiter vertiefen.

Für Roboter jedenfalls stellt sich die Frage, ob diese Trennung ontologisch vorliegt. In philosophischer Terminologie meint Ontologie, dass ein Roboter prinzipiell ethisch begründen könnte ohne gleichzeitig moralfähig zu sein. Die beiden Seinsbereiche lassen sich scheiden. Der Mensch hat immer Moral, ob er nun darüber nachdenkt oder nicht. Von selbstfahrenden Autos bis hin zu Kampfdrohnen wird dieser Unterschied immer wieder in ein Argument für den Einsatz von ethischen Maschinen umgewandelt. Wenn ein Roboter demnach keine Moral hat, keine Gefühle und Affekte, dann kann er rationale – auch ethische – Kalküle besser durchführen als Menschen. Die Maschine ist weniger befangen, abgelenkt oder durch emotionale Affekte getrieben. Sie begeht keine Kriegsverbrechen. Es gibt eine Reihe Gegenargumente gegen diese Position, aber allein, dass sich so argumentieren lässt zeigt, dass begrifflich Ethik und Moral zu unterscheiden sind. Die Frage ist auch: Dürfen wir Maschinen überhaupt ethische Urteile rechnerisch entwickeln lassen, wenn wir solche Maschinen bauen könnten? Wie und unter welchen Bedingungen kann, darf oder sollte von Robotern und anderen IT-Geräten logisch bewertete Moral angenommen werden und Einzug in den menschlichen Alltag halten? Zu Moral und Ethik tritt ein drittes Verständnis, das des Ethos oder Moralkodex (Bedeutung 4). Dieses betrachten wir in Kap. 5. Zuvor soll jedoch auf die Grundlagen ethischen Argumentierens eingegangen werden.

▶ **Definition: ethical agent und ethical patient** In Kap. 3 haben wir uns bereits mit dem Begriff des moral agent und moral patient beschäftigt (Definition in Abschn. 3.2). Ein ethical agent (ethischer Akteur) ist demgegenüber ein Mensch, der über Moral begründet und rational nachdenkt. Eine professionelle Ethikerin ist immer ein ethical agent. Es gibt auch nichtprofessionelle ethical agents. Dies ist jeder, der auch ohne entsprechende Ausbildung oder ohne damit sein Geld zu verdienen, aufgeklärt über Moral reflektiert. Traditionell ist ein ethical agent immer ein Mensch und somit gleichzeitig auch ein moral agent und moral patient. Neu in der Roboter- und KI-Ethik ist das Nachdenken über nicht menschliche ethical agents. Roboter oder Computer könnten theoretisch auch ethische Akteure sein, wenn sie dazu die entsprechenden Funktionen/Fähigkeiten hätten. Ein robotic ethical agent kann dem Begriff nach, muss jedoch nicht notwendig, auch ein moral agent oder moral patient sein. Es lässt sich annehmen, dass Maschinen eventuell in der Zukunft ethisch argumentieren und reflektieren könnten, ohne selbst der Moral fähig zu sein oder automatisch einen besonderen moralischen Wert zu besitzen. Schwieriger ist die Definition des ethical patient, also einem Objekt ethischer Reflexion. Als Gegenstände kämen infrage: 1) moralphilosophische Theorien sowie Moral in ihrer praktischen und theoretischen Gestalt; 2) moralische Akteure, also Menschen oder eventuell auch Roboter; 3) das, was Gegenstand moralischer Handlungen ist, also menschliche Personen, ihre Gefühle und Gedanken, Erwartungen, Wünsche und Ängste, weiterhin Technik, Tiere und Pflanzen, kurz: die gesamte belebte und unbelebte Umwelt im Einflussbereich von moral agents.

Wir unterscheiden **deskriptive und normative Ethik**. In der deskriptiven Ethik wird moralisches Handeln so beschrieben wie es ist. Normative Ethik fängt da an, wo auf moralisches Leben eingewirkt wird. So bleibt eine Biologin z. B. auf der deskriptiven Ebene, wenn sie taxonomisch Tiere beschreibt und in Klassifikationen einordnet. Sie wird jedoch nicht normativ auf diese einwirken. Das heißt, dass eine Biologin einem Tier nicht vorschreiben wird, wie es sich zu ernähren und mit anderen Tieren zu interagieren hat. In der Ethik wird jedoch Moral beschrieben (deskriptiv) und aktiv durch Argumente beeinflusst (normativ). Wenn ein Roboter Moral haben könnte, dann wäre es Aufgabe normativer Ethik, entweder sein Verhalten zu regulieren oder schon bei der Entwicklung der Maschine Vorgaben für gutes moralisches Handeln in einen Roboter zu implementieren – oder aber: die Entwicklung moralischer Maschinen ganz zu verbieten. Sollte ein Roboter jedoch Moral haben, und wir beschreiben einfach nur, welche moralischen Grundsätze und Orientierungen er selbstständig entwickelt – etwa durch selbstlernende Algorithmen – dann bleiben wir auf der deskriptiven Ebene. Das ist in etwa so wie bei der Erfassung subjektiver Werte der Unternehmungsführung durch empirische Sozialforschung: Mithilfe von Fragebögen und Interviews wird dokumentiert, nicht bewertend eingegriffen.

Tatsächlich lässt sich vor diesem Hintergrund bereits von **artificial descriptive ethical agents** sprechen, wo von Algorithmen des Profilings, der Verhaltensprognose oder des social scoring die Rede ist. Denn solche Technologien sollen ja aus politischen Gründen, zur Steigerung der Sicherheit oder zur Vermarktung von Werbung, das Verhalten von Menschen statistisch so beschreiben, dass sich Voraussagen über zukünftige Handlungen treffen lassen. Es handelt sich dabei um technisch-statistische Informationsverarbeitung, deren Wahrscheinlichkeitsmodelle zur Beschreibung menschlichen Lebens verwendet werden (Vertiefung in *Band 3, 6*). Folglich fallen sie in den Bereich der deskriptiven Ethik (Funk 2020). Die Frage ist: Handelt es sich dabei um Werkzeuge im Gebrauch menschlicher Akteurinnen oder sind solche Programme selbst schon Akteure? Das Kerngeschäft der Roboterethik ist jedoch in der normativen Ethik zu finden. Argumente normativer Ethik können verschieden ausgeführt werden. Zum einen haben sich unterschiedliche Positionen der Moralbegründung historisch herausgebildet und werden bis heute diskutiert. Zu ihnen gehören unter anderem deontologische Ethik, Utilitarismus und Diskursethik. Die 3 Positionen wollen wir uns nun ansehen und in Beziehung zur Roboterethik setzten, bevor sich weitere Informationen zur ethischen Theoriebildung anschließen.

4.2 Deontologische Ethik

Unter deontologischer Ethik verstehen wir eine Sammelbezeichnung für Ansätze verschiedener Autoren. In Europa ist insbesondere die Grundlegung durch **Immanuel Kant** (1724–1804) bis heute einflussreich. Der von Kant begründete Ansatz wird auch als **Pflichtenethik** bezeichnet. Im Sinne der Aufklärung sind Menschen im Handeln und

Wollen frei. **Autonomie** heißt Selbstgesetzgebung und bedingt Freiheit. So kann sich das freie Individuum selbst (sittliche) Gesetze geben, wodurch es in seinem Wollen zuallererst autonom wird (Vertiefung in *Band 4, 5.1*). Die sittlichen Gesetze sind universell gültig und drücken sich in **Maximen** aus, die in sich gut sind. Es ist also der an sich gute Wille, die gute Absicht, die moralbegründend wirkt. Die Folgen der Handlung sind dem nachgeordnet. Wie eine Tugend oder Gesinnung ist Maxime zu verstehen als dauernde willentliche Einstellung, die das moralische Handeln prägt. Als universales Prüfkriterium einer Maxime wirkt der **kategorische Imperativ.** Er ist kategorisch, da er ausnahmslos gilt. In einer berühmten Formulierung lautet er: „Der kategorische Imperativ ist also nur ein einziger, und zwar dieser: handle nur nach derjenigen Maxime, durch die du zugleich wollen kannst, daß sie ein allgemeines Gesetz werde" (*GMS BA 52,* Kant 1974/1788, S. 51).

Kant selbst hat sich einem solchen Vergleich verweigert, aber trotzdem gibt es zumindest inhaltliche Berührungen zur **Goldenen Regel der Moral:** „Was du nicht willst, das man dir tu, das füg auch keinem andern zu!", so eine Formulierung im Volksmund. Im kategorischen Imperativ Kants ist außerdem eine menschliche **Selbstzweckformel** enthalten: „Nun sage ich: der Mensch, und überhaupt jedes vernünftige Wesen, existiert als Zweck an sich selbst, nicht bloß als Mittel zum beliebigen Gebrauche für diesen oder jenen Willen, sondern muß in allen seinen, sowohl auf sich selbst, als auch auf andere vernünftige Wesen gerichteten Handlungen jederzeit zugleich als Zweck betrachtet werden" (*GMS BA 64–66,* Kant 1974/1788, S. 59–60). Weil Menschen von Natur aus vernünftig, zumindest vernunftbegabt sind, kommt ihnen ein intrinsischer Wert zu (Birnbacher 2007, S. 113–154; Fenner 2008, S. 129–32, S. 151–160; Frankena 2017, S. 13–33; Höffe 2013a, S. 65–73; Ott 2005, S. 77–93; Pieper 2017, S. 190–193, S. 226–229; Ricken 2013, S. 138–154, S. 178–237; Steigleder 2006).

Wir halten mit Blick auf die Probleme der Roboterethik fest, dass uns die Selbstzweckformel vor einschlägige Fragen stellt: Kann ein Roboter ein vernünftiges Wesen sein, sodass ihm ebenfalls ein Selbstzweck zukäme (moral patient: wir dürften ihn dann nicht als bloßes Mittel gebrauchen)? Welche Kriterien müssten hierzu erfüllt sein und wie könnten wir das methodisch überprüfen bzw. testen? Der deontologische Ansatz enthält einen Begriff der Autonomie als Selbstgesetzgebung in Verbindung mit Willensfreiheit. Er liefert damit ein mögliches Kriterium, um zu entscheiden, ob und wie Roboter moralisch handeln und ethisch begründen könnten: Nämlich wenn sie sich als willensfreie Individuen selbst Gesetze geben, die sich in Maximen dauerhaft auf moralische Handlungen auswirken. Sollten Roboter dazu nicht fähig sein, wovon wir ausgehen können, dann liefert der Kantische Ansatz zumindest ein Kriterium, um menschliche Autonomie von sogenannten „autonomen" Robotern zu unterscheiden (*Band 4, 5*).

Mit der Selbstzweckformel steht weiterhin ein inhaltlicher Grundsatz zur Verfügung, der sich z. B. in den Robotergesetzen von Isaac Asimov (1920–1992) wiederfindet: Menschen sind zu schützen und dürfen nicht, etwa durch den Einsatz als Mittel, geschädigt werden (Abschn. 5.3). Auch darüber hinaus ist die Selbstzweckformel ein wichtiges Mittel. Mit ihr lässt sich z. B. unterscheiden, wofür Pflegeroboter eingesetzt werden dürfen und wofür nicht. Denn Patientinnen sind nicht Mittel zur funktionalen Erfüllung technischer Möglichkeiten der Maschine, sondern selbst Zwecke, denen entsprechend Roboter zu funktionieren haben. Der kategorische Imperativ und die Goldene Regel der Moral lassen sich als Faustregeln für die moralische Entscheidungsfindung anwenden. In der deontologischen Ethik wird vor allem auf die Motivation einer Handlung geschaut, weniger auf die Handlungsfolgen. Auch Empirie, also Erfahrung, spielt eine nachgestellte Rolle. Das schränkt deren Reichweite für die Technikethik aber auch ein, da im technischen Handeln eine ethische Abwägung besonders die zu erwartenden Konsequenzen berücksichtigen muss (Vertiefung in *Band 2*).

4.3 Utilitarismus

Auch der Begriff Utilitarismus umfasst verschiedene Ansätze, die insbesondere in England und den USA Einfluss ausüben. Im Gegensatz zur deontologischen Ethik erhalten die absehbaren Folgen einer Handlung und die Empirie stärkeres Gewicht. Als klassische Vertreter gelten **Jeremy Bentham** (1748–1832) und **John Stuart Mill** (1806–1873). Nutzen ist das Hauptkriterium zur ethischen Bewertung. So bestimmt sich die moralische Richtigkeit einer Handlung von deren Folgen her und nicht von inhärenten Eigenschaften (**Konsequenzprinzip,** man spricht auch von **konsequentialistischer Ethik/Konsequentialismus**). Als Maß der Handlungsfolgen gilt das moralische Nutzenkalkül. Von diesem, auch als **Utilitätsprinzip** bezeichneten, Grundsatz leitet sich der Name Utilitarismus ab. Die moralische Nützlichkeit unterscheidet sich z. B. von rein wirtschaftlicher Nützlichkeit durch den Zweck des in sich Guten, der Maximierung von Glück und Lust (**hedonistisches Prinzip**). Das Wohlergehen aller Betroffenen steht im Mittelpunkt (**Sozialprinzip**). Ähnlich wie in der deontologischen Ethik und der Goldenen Regel der Moral gibt es auch hier einen **(utilitaristischen) Imperativ:** „Handle so, daß die Folgen deiner Handlung bzw. Handlungsregel für das Wohlergehen aller Betroffenen optimal sind" (Höffe 2013b, S. 11).

Kritisch wurde immer wieder die Quantifizierbarkeit von Nutzen, Glück und Lust hinterfragt. In vielen utilitaristischen Ansätzen spielt der Gedanke der Berechenbarkeit eine tragende Rolle. Das Glück der einen – positiv von einer Handlung Betroffenen – wird gegen das Glück der anderen – negativ von den Handlungsfolgen Betroffenen – aufgerechnet. Da das mathematische Mittel überwiegt, kann diese Methode zu extremer Ungerechtigkeit und Diskriminierung von Minderheiten führen: Rein rechnerisch ist z. B. eine Handlung geboten, durch die eine kleine Gruppe schwer benachteiligt wird und die überwiegende Mehrzahl deutliche Vorteile davonträgt. Für dieses Problem wird der Begriff **Gerechtigkeitsdefizit** gebraucht. Um dem entgegen zu wirken, hat **Henry Sidgwick** (1838–1900) ein **Korrekturprinzip der Fairness** entwickelt, das von **John Rawls** (1921–2002) hin zu einer umfassenderen Gerechtigkeitstheorie weiterentwickelt wurde. Heute wird ausgegangen von einer „Globallage von Nutzungsmöglichkeiten", geschaffen durch den Gesetzgeber. Durch limitierende Bedingungen für Glück, Lust und

Nutzen wird im Sinne einer „Sozialpragmatik" das Allgemeinwohl indirekt befördert. Hinzu tritt die „Idee der Humanität" als umfassendes normatives Leitprinzip des Utilitarismus (Höffe 2013b, S. 48–51). Die Verantwortung wird dem Individuum dabei gerade nicht abgenommen, auch nicht die Verantwortung, nach Wissen zu streben, um die Folgen des eigenen Tuns besser überblicken zu können. Jeder leistet im Rahmen gesetzlicher Vorgaben seinen Beitrag zum größtmöglichen Glück entsprechend der Handlungsergebnisse (Birnbacher 2006; Birnbacher 2007, S. 173–240; Fenner 2008, S. 140–151; Frankena 2017, S. 35–55; Höffe 2013a, S. 61–65; Höffe 2013b; Ott 2005, S. 94–122; Pieper 2017, S. 164–167; S. 235–240; Ricken 2013, S. 286–314).

Besonders mit Blick auf Roboterethik ist das eine wichtige Einsicht des Utilitarismus. Es ist ein Gleichgewicht anzustreben zwischen technischem Handlungswissen und moralischem Handlungswissen um die, auch sozialen und ökologischen, Folgen. Problematisch erscheint dagegen die Idee des Humanismus. Denn gerade diese wird ja durch Roboter provoziert. Die Stichworte der aktuellen Debatte lauten **Post- und Transhumanismus.** Aber bevor wir über „Post" und „Trans" reden stellt sich die Frage: Was ist human? Haben wir eigentlich Humanität schon hinreichend verstanden? Wie viel Humanismus können wir nachbauen? Oder zwingt uns das Prinzip der Humanität gerade dazu, eben nicht menschenähnliche Roboter zu entwickeln – um das Humane für uns Menschen zu bewahren? Wenn Humanität ein Leitprinzip des Utilitarismus ist und das, was wir unter human verstehen durch Roboter verändert wird und Roboter der spezifische Gegenstand der Roboterethik sind, dann berührt Roboterethik direkt die theoretischen Fundamente utilitaristischer Moralbegründung. Darüber hinaus wird die Frage nach humanistischer Digitalisierung und digitalem Humanismus aufgeworfen. Ob deontologische Ethik oder Utilitarismus, die humanistischen Werte stehen aktuell zur Debatte (Fuchs 2020; Nida-Rümelin und Weidenfeld 2018).

Hinzu kommen epistemologische Herausforderungen – das Wissen betreffend. Denn Schwierigkeiten treten schon bei der Bestimmung der Betroffenen auf. Wer ist wirklich, heute und vor allem in zukünftigen Generationen, von einer Handlung in Mitleidenschaft gezogen? Wie können wir uns sicher sein, niemanden zu übersehen? Im Utilitarismus spielen empirische Kenntnisse eine besondere Rolle. Denn für die Begründung von Normen ist praktisches Wissen über Handlungsfolgen und die Auswirkungen auf alle Betroffenen Voraussetzung. Insbesondere beim Einsatz neuer Technik liegen hierzu jedoch kaum belastbare Daten vor. Von der synthetischen Biologie bis hin zu Drohnen, Servicerobotern und Social-Media-Accounts bauen wir gigantische vernetzte Freiluftlaboratorien auf. Es fehlen schlicht die alten Meisterinnen, die ihr Wissen mit der jüngeren Generation teilen können. Wir müssen unter Bedingungen des Zufalls, der Unsicherheit und Kontingenz selbst erst einmal die blauen Augen sammeln, die uns klug machen. Ist die prinzipielle Entfernung von empirischem Wissen zur Moralbegründung in der deontologischen Ethik ein Schwachpunkt, so gerinnt die Lücke überhaupt vorhandenen Wissens um Handlungsfolgen zur Gretchenfrage des Utilitarismus.

Humanoide Roboter berühren unser Menschenbild. Sie fordern uns heraus, über Humanität nachzudenken *(Band 3, 2.1)*. Gleichzeitig eröffnet das zumindest teilweise

Fehlen von Wissen um die Handlungsfolgen im Umgang mit neuer Technologie Tür und Tore für Visionen, Science-Fiction und irrationale Spekulationen (*Band 3, 5*). Rationale Technikfolgenabschätzung (Abschn. 6.1) und Unfallforschung sind nicht nur praktisch notwendig, sondern ethisch gefordert. Ein anderes Problem betrifft das Verhältnis zwischen Menschenbild und Berechenbarkeit. Roboter können wie Computer effizient Berechnungen durchführen. Aber vieles lässt sich – gerade im sozialen Alltag, im Fühlen, Denken und Handeln der Menschen – nicht quantifizieren (siehe implizites Wissen in *Band 4, 1*). Mit diesem Problem haben auch klassische Formen des Utilitarismus zu hadern. Denn hier sollen ja gerade Lust, Nutzen und Glück gegeneinander aufgerechnet werden. So gesehen könnten sich Roboter als die besten Utilitaristen erweisen. Auf der anderen Seite birgt utilitaristische Ethik auch ohne Roboter die Gefahr der **Technokratisierung** von Gesellschaften: Berechenbarkeit – eine wesentliche methodische Grundlage des modernen Ingenieurwissens – wird zur Richtschnur gesellschaftlicher Entwicklungen erhoben, der Mensch zum Gegenstand des Kalküls und der Techniker zum Idealtyp des Gesellschaftsschmieds (Technokratie).

Wer soziales Leben schon auf Nullen und Einsen reduziert hat, braucht keine Maschinen um Roboter zu führen. Die Menschmaschinen stünden allein durch das **social engineering** schon als humane Roboter zur Verfügung. Die Hauptgefahr sind vielleicht gar nicht autonome Maschinen, die uns versklaven, sondern die Selbstversklavung, die wir uns im Angesicht eines entmenschlichten Selbstbilds aufzwingen. Man beachte dabei die Doppeldeutigkeit des Wortes social engineering. Heute verstehen wir darunter vor allem ein Problem der Informationssicherheit: das gezielte Manipulieren von Menschen durch Cyberkriminelle, um unbefugten Zugriff auf IT-Systeme zu erlangen. Durch Mitarbeiterschulungen kann dem vorgebeugt werden (Weber et al. 2019). Fast vergessen scheint die zweite Bedeutung des Begriffs, auf die an dieser Stelle jedoch Bezug genommen wird. Sie rührt vom Ende des 19. und Anfang des 20. Jahrhunderts her. Unter social engineering wird in dieser Zeit Gesellschaftstechnik als Antwort auf die Krise der Moderne verstanden. Ein Beispiel ist die Gestaltung von Wohnraum als Mittel zur Verwirklichung gesellschaftlicher Ideen der Rationalisierung, Ordnungsbildung und Leistungssteigerung (Etzemüller (Hg.) 2009). Aktuelle Informationstechnologien – besonders Smarthomes – können als Teil des social engineering in diesem letzteren Sinne gesehen werden.

4.4 Diskursethik

Ein Konzept, das in der Kantischen Ethik und dem Utilitarismus zu kurz kommt, prägt das dritte Beispiel ethischen Argumentierens: die Sprache. Diskursethik wird darum auch als Sprachethik bezeichnet. Sie kann als eine formal-prozedural weiterentwickelte Form der deontologischen Ethik angesehen werden, wobei das Konzept des **kommunikativen Handelns** im Mittelpunkt steht. In der zweiten Hälfte des 20. Jahrhunderts entstanden, wurde die Diskursethik von **Jürgen Habermas** (*1929) und

Karl-Otto Apel (1922–2017) geprägt. Zu dieser Zeit hatte die Sprache auch in der allgemeinen Philosophie eine neue Relevanz gefunden. Kommunikatives Handeln im Besonderen ist Austausch und Interpretation von Informationen, wobei dem gegenseitigen Verstehen von Argumenten eine wesentliche Bedeutung zukommt. Koordination von kollektiver Praxis und rationaler Konsens bzw. Kompromiss sind die angenommenen Ziele. Dabei werden Wahrheiten (theoretischer Diskurs) und Normen (praktischer Diskurs) im Sprechen oft unbewusst vorausgesetzt. Diese wiederum sind Gegenstand des **Diskurses,** durch welchen die Gültigkeit von implizit im Sprechen erhobenen Wahrheiten, Normen oder Werten überprüft wird.

Der für die Ethik relevante **praktische Diskurs** wendet sich streng argumentativ ohne emotionale Ausreißer der dialogischen Argumentation von Handlungsnormen zu. Als Teilnehmer eines solchen **idealen Diskurses** folgen wir bestimmten Regeln, die in der Diskursethik ans Licht kommen sollen. Es wird angenommen, dass alle Gesprächsteilnehmerinnen gleichberechtigt, kompetent und vernünftig sind, weiterhin das persönliche Interessen hinter die rationale Begründung des besseren Arguments zurücktreten. Sie befinden sich in einer **idealen Sprechsituation,** in welcher Asymmetrien durch Wissen und Macht, durch Religion oder Ideologien keine Rolle spielen. Der Diskurs ist frei von Gewalt. Dem **diskursethischen Moralprinzip** folgend, muss eine Norm unter allen Teilnehmerinnen des Diskurses Zustimmung finden. Legitim ist eine Handlungsregel, wenn gegen sie und die sich aus ihr ergebenden beabsichtigten und unbeabsichtigten Folgen keine Argumente mehr vorgebracht werden können.

Einer der Hauptkritikpunkte an der Diskursethik bezieht sich auf die Idealisierung einer Rahmenethik. Die Regeln und Bedingungen des Diskurses sind von der realen Praxis sozialer Debatten weit entfernt: Man fällt sich ins Wort, rückt trotz besserer Argumente von seinem Standpunkt aus Ego-Gründen nicht ab, oder streitet emotional für die Interessen seiner Organisation. Als Rahmenethik bleibt die Diskursethik Kriterien für die inhaltliche Bewertung von Standpunkten, Ansprüchen oder Interessen schuldig. Eine alternative diskursive Methode wird von **Paul Lorenzen** (1915–1994) und **Oswald Schwemmer** (*1941) konzipiert. Sie ist weniger idealistisch, insofern sie mit der **transsubjektiven Beratung** einen Ansatz präsentiert, der das Ausgleichen persönlicher Interessen ausdrücklich einschließt. Demnach äußert jeder seine subjektiven Wünsche klar. In einem gestuften Verfahren werden diese dann abgestrichen, bis sie unter einem für alle zumutbaren Überzweck passen. Das Ergebnis muss jedoch allgemeinverbindlich sein, um wirklich eine moralische Norm bilden zu können (Birnbacher 2007, S. 99–104; Fenner 2008, S. 109–116; Höffe 2013a, S. 82–83; Ott 2005, S. 150–194; Ricken 2013, S. 165–177; Pieper 2017, S. 175–182, S. 229–230; Werner 2006).

Eine Einsicht der Diskursethik lautet: Kommunikatives Handeln ist mehr als Informationsverarbeitung. Es baut auf impliziten Normen und Wahrheiten des alltäglichen Sprechens auf. Verstehen und Interpretation der Aussagen aller Diskussionspartnerinnen ist wesentlich. Sind Roboter bloß informationsverarbeitende und eben nicht kommunizierende technische Systeme (Janich 2006), dann können diese nicht am kommunikativen Handeln teilnehmen. Auf der anderen Seite lässt sich aber auch genau für die gegenteilige Perspektive argumentieren. Denn in der Diskursethik werden ideale Sprechsituationen angenommen, frei von Gewalt, Interessen oder Emotionen. Diese Idealisierung des Diskurses, ließe sich argumentieren, bietet regelrecht den Prototyp für ideales Robotersprechen: Rationale Argumente werden gemeinschaftlich verarbeitet, Intuition und Ähnliches findet nicht statt. Parallelen zum Utilitarismus liegen insofern auf der Hand. Dementgegen lässt sich nun wiederum darauf verweisen, dass die Idealisierung des Diskurses eine Eintrittsbarriere enthält, die Roboter nicht meistern können. Die Idealisierung baut auf Voraussetzungen der Dialogpartnerinnen wie Vernunft auf. Vernunft ist mehr als bloße Rationalität, sie spielt zusammen, so ließe sich weiter argumentieren, mit dem Vermögen zu urteilen. Durch dieses lassen sich konkrete Sachverhalte überhaupt erst allgemeineren Regeln oder Strukturen in einem Gespräch zuordnen. Nur so reden wir bedeutsam über den Wald statt über Bäume oder über Gemeinschaft statt bloß über eine Ansammlung von Menschen. Jedes in diesem Sinne sprach- und handlungsfähige Wesen kann und darf am Diskurs teilnehmen. Sind Roboter und Computer sprach- und handlungsfähig? Das ist die Gretchenfrage der Diskursethik, die sich jedoch nicht durch die Philosophie allein beantworten lässt. In *Band 4, 2* werden wir hierzu weitere Überlegungen betrachten.

In der angewandten Ethik (*Band 2, 1*) lässt sich die Diskursethik als Rahmentheorie gebrauchen (Fenner 2010, S. 29–36). Allerdings kann sie auch durch Roboter ganz konkret eine neue Brisanz erlangen. Denn Sprachsysteme und social robots nehmen schon längst an verschiedenen Diskursen teil. Das heißt nicht unbedingt, dass diese Systeme, so wie Habermas es erdacht hat, die stillen normativen Voraussetzungen unseres Sprechens aufdecken und ordnen. Nein, sie prägen die unbewussten Fundamente selbst mit, insofern sie unsere Art und Weise des Redens beeinflussen. Bei erwachsenen Menschen mag das wenig dramatisch erscheinen. Denn diese haben ja zu reden und zu argumentieren gelernt (sollte man zumindest annehmen). Bei Kindern oder allen anderen, die eine Sprache, übrigens auch Körpersprache, neu lernen, könnten Roboter als Gesprächspartner jedoch stärkere Prägungen hinterlassen. In einem wünschenswerten Szenario üben Roboter oder Sprachsysteme vorbildlich das grammatisch und terminologisch korrekte Sprechen mit Menschen ein. Ungünstig kann es sich jedoch auswirken, wenn Roboter oder Sprachbots nicht nur zum formalen Lernen, sondern zur normativen Sozialisation beitragen. Es reicht schon, dass ein Spielzeugroboter immer wieder sagt: „Man sollte regelmäßig den Akku aufladen." Man-Floskeln wirken immer normativ, da sie den Normalfall bzw. den Standard einer angenommenen sozialen Mehrheit suggerieren. Oft folgen daraus Stigmatisierungen. Wenn z. B. ein Kind aufwächst mit einem Gerät, das immer wieder das Laden des Akkus predigt, dann wird das Reden des Kindes selber unbewusst normativ verändert. Warum sollte man denn den Akku laden? Damit wir ständig mobil sind, online oder dem Robo-Diskurs nicht der Saft ausgeht?

Mobilität und die ständige Erreichbarkeit durch Roboter, Smartphones oder wie auch immer vernetzte informationsverarbeitende Einheiten sind normative Werte. Diese werden zur unbewussten allgemeinen Orientierung des Handelns und Sprechens von Kindern erhoben. Was passiert denn, wenn der Akku nicht geladen ist? Sind wir dann raus? Fallen wir aus dem kommunikativen Handeln oder Diskurs? Sind wir als Wesen nicht mehr existent? Verlieren wir durch das energiebedingte Abschalten unserer neuen Technologien den Zugang zu Social-Media-Profilen und mit ihnen bis zum Anschließen des Ladegeräts unsere Identität? Nehmen wir am sozialen Leben nicht mehr teil? Wie reden wir, wenn wir online sind und wie reden wir, wenn nicht? Der Satz „Man sollte regelmäßig den Akku aufladen" ist wie so vieles andere nicht neutral (zur Vertiefung der Nichtneutralität von Technik und Sprache siehe *Band 2, 3.3*). Subtil Unausgesprochenes übt unerhörten Einfluss aus. Denn wer sagt denn schon im echten Leben klipp und klar: „Lade stets deinen Akku, weil die Teilnahme am Diskurs verpflichtend ist und Mobilität in jeder Lebenslage ein hoher Wert!"? Sollten wir Roboter, Bots und alles, was maschinell mit uns spricht, nicht als vollwertige Teilnehmer der Diskursgemeinschaft betrachten, dann bleibt immer noch die Prägung, die sie auf unsere Sprechhandlungen ausüben werden. Als Teil der kulturellen materiellen Umwelt werden Roboter, Bots und Sprachsysteme die Entwicklung menschlicher verbalsprachlicher und körpersprachlicher Fähigkeiten beeinflussen. Das ist eine neue Qualität des Umgangs mit Technik, die wir seit Kurzem erst erfahren (Funk 2014; Funk et al. 2020; *Band 4, 2*). Diskurs- bzw. Sprachethik wird wahrscheinlich durch diese technischen Entwicklungen auch in ihren theoretischen Grundlagen zu neuen Begründungsformen gelangen müssen. Gleiches gilt für **analytische Ethiken**, welche in der metaethischen Tradition die Systematik des Begriffsgebrauchs in den Mittelpunkt stellen (z. B. Birnbacher 2007; Frankena 2017).

4.5 Kriterien ethischer Theorien

Wie sieht eine ethische Theorie oder Ableitung aus? Welchen Kriterien muss sie folgen? In der philosophischen Ethik herrscht eine ausgesprochene Methodenvielfalt vor, die unterschiedlichste Strömungen und Begründungsprozesse kennt (Fenner 2008, S. 20–21; Höffe 2013a, S. 26–29; Pieper 2017, S. 159–253). Teilweise sind sie deckungsgleich mit den 3 hier vorgestellten Ansätzen der deontologischen Ethik, des Utilitarismus und der Diskursethik. Teilweise verlaufen sie aber auch parallel und sind historisch älter, wie die Tugendethik des Aristoteles. Wir haben bereits die eigentümliche methodische Besonderheit der Philosophie und mit ihr auch der Ethik angesprochen, dass Sprache sowohl ihren Untersuchungsgegenstand als auch ihr Untersuchungsmittel darstellt (Abschn. 2.3). Darum sind Inhalt und Form auch eng verbunden. Eine eigene und historisch frühe Gattung philosophischer Literatur bildet z. B. der Dialog. Dessen Form des inszenierten (meist) Zwiegesprächs ist für die Ableitung des Inhalts bedeutsam. Berühmt sind die sich häufig um ungeklärte ethische Fragen windenden Dialoge Platons. Mit der Diskursethik ist eine Wiederentdeckung der Sprache als Thema der Ethik verbunden, die eigentlich das Rad neu erfindet. Denn die korrekte Verwendung und Definition ethischer Grundtermini wie Glück oder Gerechtigkeit zieht sich wie ein roter Faden durch die Philosophiegeschichte.

Es erstaunt also auch nicht, dass bei der Suche nach Kriterien ethischer Theoriebildung die Sprache eine besondere Rolle spielt. Seit dem 20. Jahrhundert steht der Begriff Metaethik für die eigentlich immer schon stattgefundene Methoden- und Sprachanalyse in der Ethik. Vielleicht lässt sich das so verdeutlichen: Die Mathematik ist eine formale Beweis- und Schlusswissenschaft. Was die Mathematik als Metadisziplin für Physik oder Algorithmen und Datenstrukturen für Informatik darstellen, das ist die Metaethik als formale Beweis- und Schlusswissenschaft für die Ethik. Metaethik wird manchmal als analytische Ethik bezeichnet, was aber auch in die Irre führen kann. Denn jede wissenschaftliche Ethik ist sowohl **analytisch** als auch **synthetisch** insofern sie entweder theoretische Sachverhalte oder praktische Anwendungsfälle in Einzelteile zergliedert (analysiert), kritisch prüft und sachlich-rational wieder neu zusammensetzt (synthetisiert). Entsprechend den unterschiedlichen Bedeutungen ethischer Termini unterscheidet die Metaethik in einem eigenen Begriffsraster wiederum diverse Ansätze: Naturalismus, Kognitivismus, Non-Kognitivismus usw. (Fenner 2008, S. 57–126; Höffe 2013a, S. 26–29; Ricken 2013, S. 41–80; Rüther 2015). Trotzdem gibt es bei aller Pluralität einige breit anerkannte Kriterien ethischer Theoriebildung.

Neben dem Ausschließen der 3 Fehlschlüsse (siehe folgenden Abschn. 4.6) gibt es weitere **Kennzeichen einer guten ethischen Theorie**. Zu ihnen zählen:

1. Einfachheit
2. Klarheit
3. Widerspruchsfreiheit
4. Relevanz für möglichst viele Praxisfelder
5. Übereinstimmung mit wissenschaftlichen und moralischen Grundüberzeugungen
6. Ein einleuchtendes Begründungsverfahren (Fenner 2010, S. 29)
   Als Wissenschaft geht es Ethik um rationales Begründen. Wie bei natur- und technikwissenschaftlichen Theorien spielen
   - 6.a. Falsifizierbarkeit, also theoretische, aber auch praktische Widerlegbarkeit, und
   - 6.b. Überprüfbarkeit der Ableitungen, Argumente und Argumentationsketten eine wichtige Rolle. Ein Argument muss seine
     - 6.b.I. Voraussetzungen und Vorannahmen darstellen
     - 6.b.II. Quellen aufdecken und klare eigene Schlüsse ziehen, sowie
     - 6.b.III. von anderen Menschen zu jeder Zeit, an jedem Ort nachvollziehbar formuliert sein

   Das kann zu Problemen führen, da sich zwar Englisch auch in der Philosophie als internationale Fachsprache durchgesetzt hat, jedoch Übersetzungsschwierigkeiten nicht ausgeschlossen sind, welche wiederum die
7. allgemeine Nachvollziehbarkeit/Gültigkeit
   über Sprach- oder Kulturgrenzen hinweg erschweren können

8. Universalisierbarkeit
   gilt für ethische Theorien in dreifachem Sinne:
   8.a. durch das Argumentieren und dadurch mögliche Herstellen von gemeinschaftlichem handlungsorientierenden Sinn (Transsubjektivität)
   8.b. durch das rationale Herstellen von ethischer Konsistenz und
   8.c. das Erzeugen von Rechts- und Moralnormen durch verallgemeinerbare Verfahren und Prinzipien (Wimmer 2006; siehe auch im Zusammenhang aller acht Kriterien Birnbacher 2007, S. 406–426; Fenner 2008, S. 14–21; Ricken 2013, S. 138–177)

Darüber hinaus schließt Ethik auch Elemente einer Technik im Sinne von Fertigkeit und Kompetenz (*Band 2, 3.2*) auf Grundlage impliziten Wissens (*Band 4, 1.1*) ein. Wie bei Ingenieuren ist diese Arbeitstechnik nicht nur persönliche Handwerkskunst (das wäre eher die Moral), sondern schließt objektive Elemente ein. Hierzu gehören Methodenregeln wie das Vermeiden der folgenden Fehlschlüsse.

4.6 Fehlschlüsse

Entscheidend für die Roboterethik – egal ob Menschen oder Maschinen rational über Moral nachdenken – sind über die allgemeinen Theoriekriterien hinaus 3 Schlussregeln. Sie bauen aufeinander auf und bewahren vor logisch falschen Ableitungen. Die erste Schlussregel wird nach David Hume (1711–1776) als **Humesches Gesetz** bezeichnet (nach einer Textpassage in Hume 2013, S. 546–547; *Traktat über die menschliche Natur, 3. Buch, 1. Teil, 1. Abschnitt*). Diese Regel ist auch als **Sein-Sollen-Fehlschluss** bei vielen anderen klassischen Autoren überliefert. Sie besagt, dass sich vom Sein nicht auf ein Sollen schließen lässt. Moralische Aussagen sind nur aus moralischen Sätzen ableitbar. Der sprachmethodische Ansatz liegt in der Einsicht, dass Tatsachenbehauptungen inhaltlich, logisch und grammatisch nicht in Sollens-Behauptungen übersetzt werden können (Birnbacher 2007, S. 363; Fenner 2008, S. 88–89; Höffe 2013a, S. 31–32; Pieper 2017, S. 213–214; Ricken 2013, S. 59–64). Betrachten wir hierzu 3 Beispielsätze:

1. Max sagt: „Das ist ein verkaufsfertiger Roboter."
   Darauf Monika: „Diesem Roboter ist eine sachgerechte Bedienungsanleitung beizulegen."
2. Max: „Durch fliegende und bewaffnete Drohnen sterben Menschen."
   Monika: „Wir dürfen fliegende und bewaffnete Drohnen nicht benutzen."
3. Max: „Selbstfahrende Autos sind schnell."
   Monika: „Lege auch im selbstfahrenden Auto stets den Sicherheitsgurt an!"

Auch wenn wir im Alltag die Intuition entwickeln, Schlüsse wie diese zu ziehen, sind sie jedoch in der Ethik methodisch nicht zulässig:

Max und Monika schließen intuitiv angemessen, aber in methodisch unvollständigen und darum inkorrekten Formulierungen:

1. „Das ist ein verkaufsfertiger Roboter, *also* ist diesem Roboter eine sachgerechte Bedienungsanleitung beizulegen."
2. „Durch fliegende und bewaffnete Drohnen sterben Menschen, *also* dürfen wir fliegende und bewaffnete Drohnen nicht benutzen."
3. „Selbstfahrende Autos sind schnell, *also* lege man auch im selbstfahrenden Auto stets den Sicherheitsgurt an!"

Warum sind diese Schlüsse nicht vollständig? Weil uns die bloße Feststellung, dass etwas so ist wie es ist, noch nicht sagt, wie etwas sein soll oder was wir zu tun haben. Aus dem Sein einer Tatsache alleine folgt noch keine moralische Verpflichtung. Betrachten wir den zweiten Satz und sehen einmal von 2 sprachlichen Unschärfen ab. Wir sehen erstens davon ab, dass nicht durch (zumindest die aktuell eingesetzten) fliegenden und bewaffneten Drohnen Menschen sterben, sondern durch diejenigen, die diese steuern bzw. die Befehle dazu geben. Wir sehen in weiterer Folge auch zunächst davon ab, dass fliegende und bewaffnete Drohnen eben auch nicht letal gebraucht werden können, also für Aufklärungszwecke usw. Worin liegt nun die problematische Unvollständigkeit der zweiten Aussage? Darin, dass wir Drohnen nicht als Waffen einsetzen dürfen, weil wir nicht töten dürfen. „Du sollst nicht töten" ist eine Sollens-Aussage, aus der auch das Verbot des letalen Einsatzes von Drohnen abgeleitet werden kann. Es wird also von einer normativen Sollens-Aussage auf eine normative Sollens-Aussage geschlossen, nicht jedoch von der reinen Tatsachenbehauptung aus. Natürlich ist die ethische Problematik bei sogenannten Kampfdrohnen im Detail komplexer (siehe auch das Beispiel in *Band 2, 4.1*). Hier geht es zunächst um den Blick für die unvollständige Ableitung.

Wiederholen wir die Auflösung des Fehlschlusses anhand des ersten Beispiels: Einem verkaufsfertigen Roboter ist nicht die Bedienungsanleitung beizulegen, weil er verkaufsfertig ist (Tatsachenebene), sondern weil es zur Verantwortung und Pflicht der Produzenten gehört, Nutzerinnen über mögliche Gefahren bei falscher Anwendung hinzuweisen. Dahinter steht die Regel der Schadensvermeidung: „Du sollst Schaden vermeiden" (normative Ebene der Sollens-Aussage). Und für den dritten Fall bedeutet es ganz ähnlich, dass wir aus Sicherheitsgründen den Gurt anlegen, ebenfalls um Schaden an der Gesundheit der Insassen bei einem Unfall zu minimieren. Allein der Umstand, dass ein selbstfahrendes Auto „schnell" ist, also deutlich über 30 km/h fahren kann, bedingt noch nicht das Sollen des Gurtgebrauchs. Damit der Schluss formal zulässig ist, muss die, im Alltag oft unbewusst mitgedachte, Ebene normativer Aussagen eingeschoben werden:

Max und Monika schließen ethisch korrekt:

1. „Das ist ein verkaufsfertiger Roboter. Schaden ist zu vermeiden. Zur Schadensvermeidung sollen alle verkaufsfertigen technischen Produkte mit hinreichender Dokumentation ausgeliefert werden. Also ist diesem Roboter eine sachgerechte Bedienungsanleitung beizulegen."
2. „Durch fliegende und bewaffnete Drohnen sterben Menschen. Du sollst nicht töten. Also dürfen wir fliegende und bewaffnete Drohnen nicht letal oder im Zusammenhang mit letalen Handlungen benutzen."
3. „Selbstfahrende Autos sind schnell. Sie erreichen locker Geschwindigkeiten über 30km/h, was nachweislich zu schweren Verletzungen bei einem Aufprall führen kann. Schaden ist zu vermeiden. Zur Schadensvermeidung der Insassen eines Kraftfahrzeugs gilt die Gurtpflicht. Also lege man auch im selbstfahrenden Auto stets den Sicherheitsgurt an!"

In allen 3 Beispielen existieren auch rechtliche Vorgaben, durch welche eine juristische Verfolgung bei Verstoß möglich wird. Im echten Leben ist das natürlich nicht selten ein stärkeres Argument als die Androhung moralischer Verschmähung. Besonders problematisch ist das zweite Beispiel, da es hier um internationales Recht in Anbetracht neuer technischer Möglichkeiten geht. Neben Grauzonen in der Gesetzeslage spielt dabei auch das Problem des wirkungsvollen Drucks eine Rolle. Methodisch jedenfalls gilt: **Normative Aussagen sind aus normativen Aussagen abzuleiten, nicht aus reinen Tatsachenbehauptungen.** Das bedeutet der Sein-Sollen-Fehlschluss, der auch als Humesches Gesetz bezeichnet wird. Aus dieser formalen Schlussregel ergeben sich ein praktisches und ein theoretisches Folgeproblem. Das praktische bezieht sich auf die Anwendung. Woher weiß ich, welche Sollens-Aussagen, moralische Regeln oder ethische Gesetzte im konkreten Fall anzuwenden sind? Zum einen wissen wir das durch die Beachtung juristischer Gesetze, die häufig normative Sollens-Aussagen in geltendes Recht gießen. Getreu dem Motto „Unwissenheit schützt vor Strafe nicht" ist jeder dafür verantwortlich, sich über die geltenden Gesetze zu informieren. Gerade in der Roboterethik begegnet uns jedoch der Umstand, dass es durch Technologien neue Handlungsspielräume gibt, die juristisch noch nicht hinreichend reguliert sind. Und selbst wenn, dann kann durch Rechtsprechung nicht jede mögliche Handlung logisch eineindeutig eingerahmt werden. Hier stellen sich dann Fragen wie sie in der angewandten Ethik seit einigen Jahrzehnten thematisiert werden. Nach welchen Sollens-Aussagen leite ich in einer Situation ab, in der ich handeln muss, aber keine eindeutige und aktuelle rechtliche Vorschrift existiert? Diese Frage vertiefen wir in *Band 2, 1.*

Das theoretische Folgeproblem des Humeschen Gesetzes kann in vorliegender Einführung nur kurz angesprochen werden. Es bezieht sich auf die methodische **Gretchenfrage der Ethik.** Was ist die erste Sollens-Aussage aus der wir ableiten? Sicherlich ist es evident, dass wir nicht töten sollen (Beispiel 2). So gut wie alle Weltreligionen kennen das Tötungsverbot und es stößt auf breite Anerkennung, auch wenn es Ausnahmen wie Menschenopfer, Kannibalismus, die Todesstrafe oder das allgemeine Recht auf Selbstverteidigung gab bzw. gibt. Das Tötungsverbot lässt sich z. B. als allgemeines Sittengesetz mit den Mitteln der deontologischen Ethik begründen oder durch den Utilitarismus auf eine andere Art und Weise. Entsprechend der Methodenvielfalt in der Moralbegründung und den jeweiligen Stärken und Schwächen der Ansätze ist eine logisch eineindeutige Ableitung aus einem einzigen idealen theoretischen Axiom nicht möglich. Ethik lebt von tiefgehenden Begründungskontroversen, was sie dynamisch macht. Jedoch, „ein Newton der Metaethik ist nicht in Sicht“ (Höffe 2013a, S. 31). Das ist kein Nachteil, sondern gerade das notwendige Mittel, um unter Unsicherheit flexibel und zugleich rational handeln zu können.

Eine Frage der Roboterethik ist, wie Roboter moralische Regeln ableiten, wenn sie dazu fähig wären. Als logische Schlussregel sollte sich das Humesche Gesetz theoretisch relativ leicht in ein informationsverarbeitendes System integrieren lassen. Nur müssten der Maschine dann klare moralische Anfangsregeln vorgegeben werden, aus denen in jedem konkreten Fall geschlossen wird. Die Frage, wie diese Regeln auszusehen haben, verweist auf die vierte Bedeutung der Roboterethik, dem Ethos oder Moralkodex. Zusätzlich müssen die Begriffsklassen normativer und empirischer Termini klar voneinander getrennt werden. Schwierig wird das jedoch wiederum, wenn einzelne Worte beide Begriffsklassen einschließen (z. B. „gut“, siehe unten). Eine besondere Paradoxie ergibt sich für das Humesche Gesetz durch Roboter, die (wie auch immer dies möglich sein sollte) zur Selbsterkenntnis fähig wären. Wenn ein Roboter erkennt, dass er existiert, sich also als ein Selbst reflektiert, aus welchen moralischen Axiomen sollte er dann das entsprechende Sollen ableiten? Die hypothetische Frage für Philosophen und Informatiker lautet: Müssen wir Roboter und Computer für so einen Fall vorbereiten? Muss es ein ethisches Axiom des ursprünglichen Sollens geben, aus dem der Roboter alle weiteren Normen seiner Aktionen ableitet, wenn er nicht mehr nur Befehle befolgt, sondern auch sich selbst als wertvoll entdeckt? Das ist eine spekulative Frage. Sie bereitet ebenfalls auf die Auseinandersetzung mit den Robotergesetzen im anschließenden Kap. 5 vor.

▶ **Definition: Humesches Gesetz, Sein-Sollen-Fehlschluss** Seins-Aussagen lassen sich nicht in Sollens-Aussagen übersetzen. Es kann nur von einer normativen Aussage auf eine andere normative Aussage geschlossen werden.

Die zweite Schlussregel hängt mit dem Humeschen Gesetz eng zusammen. Sie wird nach George Edward Moore (1873–1958) als **naturalistischer Fehlschluss** bezeichnet, auch wenn die wörtliche Übersetzung von „naturalistic fallacy“ aus dem Englischen nicht ganz korrekt sein mag (Moore 1996, S. 40–44). Der naturalistische Fehlschluss besteht in einer falschen Gleichsetzung von wertenden und deskriptiven Eigenschaften. Normative und empirische Begriffsklassen dürfen also auch hier, wie schon im Humeschen Gesetz gefordert, nicht vermischt werden. Das moralisch Gute entzieht sich sprachlich einer weiteren Beschreibung durch Worte wie nützlich, gewinnbringend, zweckdienlich oder lustvoll (Birnbacher 2007, S. 363–365; Fenner 2008, S. 95–98; Höffe 2013a, S. 33–36; Pieper 2017, S. 212–217; Ricken 2013, S. 64–67; Schaber 2006). Genau darin besteht in der Praxis auch die Tücke. Zu schnell sprechen wir von einem „guten Hammer" oder einem „guten Glas Wein" und meinen damit eigentlich einen „zweckdienlichen, vorbildlich gearbeiteten Hammer" oder das „wohlschmeckende, entspannende Glas Wein" am Abend nach getaner Arbeit. Und auch Sätze wie „Er verdient gutes Geld" machen den Kontostand nicht moralisch besser, sondern meinen eigentlich „Er verdient viel Geld (im Vergleich zum Verdienst anderer)." Wir erkennen hier den Unterschied zwischen moralischen und außermoralischen Werturteilen wieder, den wir bereits bei der allgemeinen Definition von Moral (Abschn. 3.4) angesprochen haben.

Im Alltag sind wir gewohnt den Begriff „gut" als Synonym für andere Ausdrücke der Nützlichkeit, des sozialen Status oder des Genusses zu gebrauchen. Der naturalistische Fehlschluss entsteht dann jedoch, wenn wir die Natur dessen, was (moralisch) gut ist, mit eben diesen empirisch-deskriptiven Begriffsklassen erklären. So kann also jemand ein Glas des köstlich-entspannenden Weins zu viel trinken und wir tadeln ihn am nächsten Morgen für sein daran anschließendes ausschweifendes Geschwätz. Er fragt: „War das jetzt nicht gut?" und verwendet das Wort auf einmal anders. Es beschreibt nicht mehr den Wein, sondern den moralischen Wert seines Verhaltens. Wir erwidern: „Nein, Trunkenheit ist nicht gut." Er antwortet mit einem naturalistischen Fehlschluss: „Ach quatsch, gut ist, was Lust und Freude bringt." Nun hat unser Weinfreund also das Wort „gut" nicht mehr gebraucht, um die Eigenschaften des Weins zu beschreiben, auch nicht, um seine Handlung zu bewerten, sondern er hat versucht, es in seinem Interesse als lustvoll zu definieren. Das mag rhetorisch in der Situation kein schlechter Schachzug sein, für Ethik jenseits verbalen Revierverhaltens ist die Identifikation wertender und beschreibender Begriffe jedoch unzulässig.

▶ **Definition: naturalistischer Fehlschluss** Der Begriff des moralisch Guten darf nicht mit Eigenschaften des instrumentell oder pragmatisch Guten verwechselt werden („eine moralisch gute Tat" vs. „ein funktional guter Hammer"). Deskriptiv-empirische und normativ-wertende Begriffsklassen sind auch bei der Zuschreibung von Eigenschaften zu trennen.

Ein besonderes Problem der Roboterethik ist der Umgang mit Worten wie „menschlich" oder „sozial". Denn diese können ebenfalls empirisch-deskriptiv und normativ-wertend gebraucht werden. Deskriptiv sprechen wir von „humanoiden" und „sozialen" Robotern und meinen damit die menschenähnliche Bauform des Geräts mit Armen, Beinen und Kopf. Das Soziale ist hier nicht die positive moralische Einstellung zu anderen Menschen, sondern die schlichte Beschreibung dafür, dass eine Maschine im Alltag menschlichen Miteinanders eingesetzt wird (*Band 3, 1.2* und *Band 3, 2.1*). Normativ lassen sich beide Begriffe gleichfalls verwenden. Menschlich ist dann das Gegenteil von unmenschlich und bewertet eine Handlung als moralisch gut. Humanität oder Menschenwürde sind menschliche Werte. Im Gegensatz zum asozialen Verhalten kann „sozial" auch als Ausdruck für moralisch wünschenswertes geselliges Benehmen stehen. Das Wort wirkt dann wertend. Schauen wir auf ein Beispiel. Sowohl der naturalistische Fehlschluss als auch der Sein-Sollen-Fehlschluss findet sich in folgendem Satz:

„Gut ist alles, was menschlich aussieht und darum ist es unsere moralische Pflicht an humanoiden Robotern zu forschen!"

Der naturalistische Fehlschluss steckt in der Gleichsetzung von gut (normativwertender Begriff) mit menschlichem Aussehen (empirisch-deskriptiver Begriff). Gegen das Humesche Gesetz wird verstoßen durch den Schluss vom menschlichen Aussehen (empirisch-deskriptiver Begriff, Sein) auf das Gebot zur Forschung (normativer Begriff, Sollen). Unabsichtlich können sich solche Verwechslungen der Bedeutungsschichten schnell in die Alltagssprache einschleichen und für Missverständnisse, Verwirrung, Streit und methodisch unzulässige ethische „Ergebnisse" sorgen. Aufgrund der spannungsvollen Nähe zu den Naturwissenschaften ist in der Umweltethik der Ausschluss des naturalistischen Fehlschlusses besonders wichtig (Potthast 2006, S. 294). In der Roboterethik stellen beide Fehlschlüsse eine verbreitete, tückische Falle dar. Roboter sind perfekte Projektionsflächen. Sie sehen wie denkende, fühlende Wesen aus oder erinnern uns an ein Lieblingsstofftier – nur eben mit aktiver Reaktionsfähigkeit. Darum sind wir anfällig für Empathie gegenüber bestimmten Maschinen (Coeckelbergh 2010). Schnell lesen wir unser Sein oder unser Sollen in diese Geräte hinein.

Wir nutzen Vokabular aus dem zwischenmenschlichen Alltag und beschreiben damit Roboter *als ob* sie schon längst ein Teil des gesellschaftlichen Miteinanders wären. Dadurch wird über Roboter so gesprochen *als ob* sie Autonomie hätten, sozial, emotional oder eben menschlich seien. Ursprünglich wurde der Terminus **Anthropomorphismus** für die Beschreibung menschenähnlicher Götter in der Antike gebraucht (Hülser 2005). Er lässt sich aber auch für die Als-ob-Projektionen gebrauchen, mit denen sich die Roboterethik beschäftigt: Wir machen Roboter mit Worten menschlich, wodurch sie implizit normativ stigmatisiert werden. Mit unserer Sprache lesen wir bereits unbewusst moralische Werte in technische Produkte wie Roboter, Drohnen oder KI hinein. Dadurch kann der Schein erzeugt und Glauben genährt werden, die Geräte hätten menschliche Eigenschaften und müssten deswegen geschützt werden. Die sich aus dem Phänomen der Anthropomorphisierung ergebenden wissenschaftlich-methodisch nicht zulässigen Folgerungen entsprechend des Humeschen Gesetzes und des naturalistischen Fehlschlusses lassen sich als **anthropomorpher Fehlschluss** bezeichnen. Sowohl Menschen als auch sprachverarbeitende Maschinen können einen solchen Fehlschluss ausführen. Weiterhin besteht ein **robomorpher Fehlschluss** in der unzulässigen Zuschreibung technischer Prädikate auf Menschen.

▶ **Definition: anthropomorpher und robomorpher Fehlschluss** Anthropomorphisierung ist die sprachliche Beschreibung mit Worten oder die materielle Konstruktion mit Werkstoffen eines Roboters so, als ob das Gerät menschlich wäre (siehe im Detail *Band 3, 2.1* und Abb. Band 3, 2.1). Durch Sprache aus dem menschlichen Alltag beschriebene

Roboter werden unzulässig normativ aufgeladen. Sprache ist nicht neutral. Bereits die beschreibende Wortwahl stellt eine nicht unerhebliche Wertung dar. Optisch menschenähnlich konstruierte Maschinen geraten zu Projektionsflächen humaner Normen und Werte, die das Gerät nicht erfüllt. Sprache und Erscheinung erzeugen unbewusste moralische Vorurteile. Das Gegenteil des anthropomorphen Fehlschlusses ist der robomorphe Fehlschluss. Dieser wird vollzogen, wenn Menschen mit technisch-funktionalen Begriffen beschrieben werden. Es gibt 2×4 Kombinationen, aus denen sich insgesamt 4 Fehlschlüsse erkennen lassen.

Anthropomorphe Fehlschlüsse:

1. Anthropomorphe Rede I: Mensch beschreibt Roboter so, als ob er menschlich wäre = Fehlschluss
2. Anthropomorphe Rede II: Mensch beschreibt Mensch so, als ob er menschlich wäre ≠ Fehlschluss
3. Anthropomorphe Datenverarbeitung III: Roboter/Sprachbot analysiert Menschen mit menschlich-normativen Prädikaten ≠ Fehlschluss
4. Anthropomorphe Datenverarbeitung IV: Roboter/Sprachbot analysiert Roboter mit menschlich-normativen Prädikaten = Fehlschluss

Robomorphe Fehlschlüsse:

5. Robomorphe Rede I: Mensch beschreibt Roboter so, als ob er ein Roboter wäre ≠ Fehlschluss
6. Robomorphe Rede II: Mensch beschreibt Mensch so, als ob er ein Roboter wäre = Fehlschluss
7. Robomorphe Datenverarbeitung III: Roboter/Sprachbot analysiert Menschen mit technisch-deskriptiven Prädikaten = Fehlschluss
8. Robomorphe Datenverarbeitung IV: Roboter/Sprachbot analysiert Roboter mit technisch-deskriptiven Prädikaten ≠ Fehlschluss

4.7 Ethik und Empirie

Wichtig aber ebenfalls nicht unproblematisch ist das methodische Verhältnis ethischer Theorien zu verschiedenen Formen der Erfahrung (Mieth 2006). Wir haben das bereits anhand der Unterscheidung in normative und empirische Begriffsklassen gesehen. Reale technisch-wissenschaftliche Entwicklungen fordern Ethik heraus. Das ruft die angewandte Ethik auf den Plan und die Technikethik im Besonderen, zu der dann wiederum die Roboter- und KI-Ethik gehört. Aber auch die Frage nach den Mitteln zur Behebung eines Missstandes spielt eine Rolle. Ethik, die sich wie im Elfenbeinturm nur um ihre idealen Theorien dreht, kann sich schnell in einem **moralistischen Fehlschluss** verfangen: Statt nur auf das Sollen zu sehen, ist auch auf die konkreten empirischen Mittel zur praktischen Lösung und der Zugang zu diesen Mitteln zu sehen (Höffe 2013a, S. 32–33). Außerdem gibt es **ethisch relevante empirische Kriterien.** Schmerz ist ein Beispiel und das Gebot der Schmerzvermeidung ist in vielen ethischen Theorien etabliert. Aus dem empirischen Begriff des Schmerzes lässt sich nicht auf ein konkretes Sollen schließen (Humesches Gesetz). Jedoch kann Schmerz als ethisch relevantes empirisches Kriterium im Satz „Du sollst Schmerzen vermeiden" die Grundlage für konkrete ethische Schlüsse bilden.

Für die Roboterethik stellt sich an dieser Stelle z. B. die Frage, ob wir Roboter schlagen dürfen. Zwei mögliche Antworten könnten lauten: 1) Ja, weil wir zwar Schmerzen vermeiden sollen, jedoch Roboter keine Schmerzen empfinden. 2) Nein, weil wir uns selbst und andere soziale Wesen achten sollen. Roboter sind zwar nicht soziale Wesen, sondern technische Mittel, der Schlag gegen Roboter ist jedoch ein Zeichen fehlender Selbstachtung und ein Schritt zur Verrohung, die auch anderen Menschen schaden könnte. Und eben dieser psychosoziale Schaden ist zu vermeiden. Dürfen wir Roboter vor den Augen von Kindern schlagen? Nein, da wir ein moralisches Vorbild sein sollen und langzeitverantwortlich unseren Kindern Selbstachtung mit auf den Weg geben müssen. Dürfen wir Roboter wenigstens heimlich schlagen? Nein, da der Schlag unsere Achtung gegenüber uns selbst schädigt. So wie sich der Mensch gegenüber dem Roboter verhält, so verhält er sich auch gegenüber anderen Menschen – so ließe sich zumindest argumentieren. Dabei würden etablierte Argumente der Umweltethik angewendet, wonach der Natur (in unserem Fall sind es Kulturgüter wie Roboter, Drohnen und Computer) ein pädagogischer Wert zukommt. Die Umwelt wirkt als Einübungsfeld moralischen Verhaltens (Fenner 2010, S. 132–135). Auch wenn die Frage, ob wir Roboter schlagen dürfen, tatsächlich diskutiert wird (Marsiske 2016), so müssen wir doch zugeben, dass es drängendere ethische Probleme gibt – vom Datenschutz bis hin zu gezielten Tötungen mittels Drohnen. Betrachten wir den methodischen Unterschied zwischen **empirischer und nichtempirischer Verallgemeinerung.**

Eine empirische Verallgemeinerung bezieht sich auf einen konkreten sinnlich erfassbaren Sachverhalt, um daraus eine Handlungsnorm ersichtlich zu machen. Ich könnte dementsprechend zu einem Kind sagen: „Du weißt doch noch, wie sehr es dir wehgetan hat, als du gestern hingefallen bist. Und nun schubst du deine Schwester und ihr schmerzt es genauso! Wenn hier jeder jeden hin schubst, dann wird nur noch geweint – und der Nikolaus kriegt einen krummen Rücken, weil er ganz viele schwere Kohlen verteilen muss!" Die Verallgemeinerung ist sinnlich konkret und bezieht sich auf die individuenübergreifende Wahrnehmung von Schmerz (sowie den Glauben an den Nikolaus, oder zumindest an den Willen der Eltern, diesmal keine Schokolade zu verteilen). Hierzu werden **Analogien** zwischen ähnlichen Fällen gebildet. Ein anderes Beispiel ist dieser Satz: „Stell dir mal vor, jeder entsorgt seinen alten Roboter einfach so im Straßengraben. Wie würde unsere Umwelt dann noch aussehen?!" Demgegenüber verweist eine nichtempirische Verallgemeinerung auf eine allgemeingültige abstrakte Regel oder ein Leitbild. Dem schubsenden Kind würde dann ein Vortrag darüber gehalten, dass Schmerzvermeidung und das Minimieren von Leiden ein Grundsatz sind gegen den niemand verstoßen darf. (Ob und wie ein Kind das verstehen würde und ob sich tatsächlich jeder an diesen Grundsatz hält wollen wir hier offenlassen.) Im Fall der Roboterentsorgung wäre eine nichtempirisch verallgemeinerte Begründung in folgendem Dialog gegeben:

> „Du darfst deinen Roboter nicht in den Straßengraben werfen, sondern musst ihn fachgerecht entsorgen, weil wir langzeitverantwortlich sind für kommende Generationen."
>
> „Verstehe ich nicht, das ist mir zu allgemein."
>
> „Wir tragen Verantwortung für unsere Kinder und Kindeskinder, darum müssen wir uns nachhaltig verhalten."
>
> „Ist mir alles zu abstrakt, was hat das mit meinem alten Roboter zu tun?"
>
> „Nachhaltigkeit bedeutet, Ressourcen und Natur zu schonen und das erreicht man, indem alte Elektrogeräte fachgerecht recycelt werden."

Was ist in diesem (idealisierten) Dialog geschehen? Zuerst wurde induktiv bzw. bottom-up vom sinnlich Konkreten (Roboterentsorgung im Straßengraben) zum abstrakt Allgemeinen (Langzeitverantwortung) gesprungen. Das liegt in der Natur der Sache, denn es handelt sich ja um eine Verallgemeinerung, nicht um eine Konkretisierung. Im Folgenden wurde dann aber doch stufenweise konkretisiert. Die Richtung kehrte sich aufgrund des fehlenden Verständnisses des Umweltsünders um. Deduktiv bzw. top-down vollzog sich eine schrittweise Annäherung an den konkreten Fall. Langzeitverantwortung sagt uns noch nicht, was wir im konkreten Fall zu tun haben. Also gehen wir tiefer auf die Stufe der Nachhaltigkeit. Von ihr aus wird klarer, dass wir mit ressourcenschonendem und wiederverwertendem Verhalten unsere Verantwortung gegenüber kommenden Generationen umsetzen können. Das heißt konkret: den Roboter fachgerecht entsorgen, weil es dafür ein nichtempirisches allgemeines Leitbild gibt, an dem wir unser Handeln zu orientieren haben (Irrgang 2007, S. 47; eine vertiefende Analyse dieses Beispiels findet in *Band 2, 1.1* statt).

Für die Roboterethik ergibt sich daraus die Frage, welche allgemeinen Leitbilder einem Roboter einprogrammiert werden sollten, wenn er zu nichtempirischer Verallgemeinerung in konkreten Fällen im Stande wäre. Entsprechend der Fehlschlüsse, die wir uns bereits angesehen haben, sind empirische Verallgemeinerungen in der Ethik problematisch. Die Gefahr, vorschnell von einem Sein auf ein Sollen zu schließen, ist hoch. Insofern werden nichtempirische Verallgemeinerungen methodisch bevorzugt. Andererseits ist empirisches Verallgemeinern gut mit der Goldenen Regel der Moral kombinierbar: „Was du nicht willst, das man dir tu, das füg auch keinem andern zu!". Empirisches Verallgemeinern ist ein effektives pädagogisches Mittel – nicht nur bei kleinen Kindern, sondern auch bei den großen. Ob das empirische oder nichtempirische Verallgemeinern für Computer, Drohnen oder Roboter einfacher ist, bleibt eine Frage der Künstlichen-Intelligenz-Forschung. Im anschließenden Kapitel wollen wir die Fragen einordnen, welche allgemeinen moralischen Regeln Robotern einprogrammiert werden müssten, wenn es technisch möglich wäre. Hierzu betrachten wir die vierte und abschließende Bedeutung der Roboterethik im Genitivus subiectivus, den Ethos oder Moralkodex.

Übersicht: Können und dürfen Maschinen ethisch argumentieren?

Die dritte Bedeutung der Roboterethik bezieht sich auf die Diskussion, unter welchen Bedingungen und wie eine Maschine ethisch argumentieren könnte. Sie umfasst folgende Aspekte:

1. Ob und unter welchen Bedingungen ein Roboter ein ethical agent sein könnte, und ob das Gerät dann auch gleichzeitig ein moral agent und moral patient wäre.
2. Dürfen wir der Ethik fähige Maschinen bauen, wenn wir es könnten? Mehr noch: Müssen wir sogar künstliche robotic ethical agents bauen, weil sie rationaler und weniger durch Emotionen befangen ethisch argumentieren und urteilen könnten?
3. Sind ethische Dialoge zwischen Menschen und Robotern möglich und sinnvoll?
4. Ist in Zukunft begrifflich zwischen anthropozentrischer und robozentrischer Ethik zu unterscheiden?
5. Aus der deontologischen Ethik lernen wir, dass Roboter moral- und ethikfähig sind, wenn sie sich selbst als willensfreie, vernünftige Individuen erkennen und darum auch selbst Gesetze geben, die dauerhaft auf ihr Handeln/Funktionieren einwirken. Sollten Roboter das nicht können, dann haben wir zumindest ein Kriterium, um menschliche Autonomie von sogenannten „autonomen" Robotern zu unterscheiden.
6. Entsprechend der kantischen Selbstzweckformel dürfen wir Menschen nicht als bloße Mittel gebrauchen, sondern müssen sie immer auch als eigene Zwecke betrachten. Es ist besonders wichtig, dass wir in einer Maschinen-Welt mit Big-Data-Analysen, Social-Media-lisierung unserer Kommunikation, Automatisierung, Industrie 4.0 und Haushaltsrobotern nicht anfangen, Menschen ebenfalls wie technische Geräte zu behandeln.
7. Als Faustregel hat sich die Goldene Regel der Moral für Menschen bewährt: „Was du nicht willst, das man dir tu, das füg auch keinem andern zu!" Kann sie jedoch auch für Roboter gelten? Roboter könnten auch aufgrund ihrer körperlichen Überlegenheit und dem nicht Empfinden von Schmerzen ganz Unmenschliches wollen. Vielleicht stößt die Goldene Regel der Moral bei robotic ethical agents an Grenzen.

8. Motivationen (deontologische Ethik) und Folgen (Utilitarismus) unserer Handlungen sind in der Ethik zu betrachten, wie auch die Sprache (Diskursethik), in der wir uns über Moral und Ethik verständigen. Besonders die theoretischen Grundlagen der Diskursethik könnten sich verändern, wenn wir uns mit technischen Sprachsystemen über unsere Motivationen und Absichten austauschen.
9. Um sich einem komplexen moralischen Problem zu stellen, können folgende Fragen zur Klärung der verschiedenen Standpunkte beitragen:
   a) Warum handelt jemand genauso oder will genauso handeln? Was sind seine moralischen Motivationen? Gibt es nicht moralische Motivationen wie persönliche Erfahrungen, kommerzielle Interessen, Erfolg, Macht, Fremdbeeinflussung, Emotionen oder religiösen Glauben? In welchem Verhältnis stehen die nichtmoralischen zu den moralischen Motivationen? Wo liegt das Gewicht? Wird aus einem guten Willen heraus gehandelt oder steht etwas anderes dahinter? In letzterem Fall ist nicht mehr von Moral oder Ethik zu sprechen und beide Worte sollten nicht verwendet werden – z. B. wenn jemand in Wahrheit nur Profit maximieren will und so tut, als ginge es um eine bessere Welt, damit seine Kunden eifrig zugreifen.
   b) Was folgt aus der Handlung? Was wissen wir über die Handlungsfolgen? Sollten wir mehr Wissen über die Handlungsfolgen in Erfahrung bringen? Trotz eines tadellosen guten Willens können ungünstige erwartbare Handlungsfolgen zum Verbot einer Handlung führen.
   c) Wie wird über die Motivationen, den guten Willen und die Folgen einer Handlung gesprochen? Welche Stigmatisierungen und Wertungen leisten wir immer schon unbewusst durch unsere verbale und nonverbale Wortwahl? Kommunizieren ist mehr als die Verarbeitung von Information. Das deutet klar in die Richtung, dass moralische und ethische Dialoge sich nicht mit den Mitteln der Datenverarbeitung führen lassen.
10. In jeder ethischen Ableitung sind Methodenregeln zu beachten. Zum Beispiel:
   a) Die möglichst einfache, widerspruchsfreie, einleuchtende, universalisierbare und nachprüfbare Argumentation und Begründung, die widerlegbar ist, ihre Vorannahmen und Quellen aufdeckt, mit Bedeutung für möglichst viele Anwendungsfelder allgemein nachvollziehbar und konform zu wissenschaftlichen und moralischen Grundsätzen formuliert steht.
   b) Ausschluss des Sein-Sollen-Fehlschlusses (Humesches Gesetz), des naturalistischen Fehlschlusses, des anthropomorphen und robomorphen Fehlschlusses sowie des moralistischen Fehlschlusses.
   c) Die Unterscheidung zwischen empirischer und nichtempirischer Verallgemeinerung sowie ethisch relevanten empirischen Kriterien.
   d) Begründete Anwendung analytischer und synthetischer sowie induktiver (Bottom-up-) und deduktiver (Top-down-)Verfahren.

Conclusion

In der ethischen Theoriebildung herrscht Methodenvielfalt, die mit einer Vielzahl allgemeiner Verfahrensregeln korreliert. Es lassen sich klare Anforderungen an moralphilosophische Argumente und Begründungen formulieren. Diese gelten für Menschen, die rational Ethik betreiben, und müssten auch für Roboter und andere Computer gelten, wenn diese der Ethik fähig wären. In ihrer dritten Bedeutung fragt die Roboterethik darum auch, ob es robotic ethical agents gibt, und in welchen Verhältnissen diese zu moral agents und moral- wie auch ethical patients stehen würden. Ethik ist die deskriptive und normative Wissenschaft von der Moral. Besonders die normative wertende Ebene ist für die Roboterethik bedeutsam. Autonomiebegriff und Selbstzweckformel des Kantischen Ansatzes lassen sich regulierend anwenden, wie auch die an Handlungsfolgen orientierten utilitaristischen Ansätze. Stellt in der deontologischen Ethik das geringe Gewicht der Handlungsfolgen einen Nachteil dar, so neigen utilitaristische Ethiken zu Gerechtigkeitsdefiziten. Letztere bergen aber auch das Risiko des Glaubens an eine umfassende Berechenbarkeit. Insofern Roboter datenverarbeitende Rechenmaschinen sind, sollten ihnen utilitaristische Kalküle leichtfallen. Die Gefahr eines technokratischen Ausblendens nicht berechenbarer menschlicher Eigenschaften ist groß.

Sprechende Roboter und andere Sprachsysteme fordern die Theoriebildung der Diskursethik heraus. Andererseits kann gerade dieser ethische Begründungsansatz durch social robots, die wir in unsere alltäglichen Gespräche einbinden, eine neue Bedeutung erfahren. Unter den Methodenregeln sind das Humesche Gesetz und der naturalistische Fehlschluss von herausragender Bedeutung. Roboter sind verführerische Projektionsflächen, die uns schnell empathisch betreffen und zu fehlerhaften Sein-Sollen-Fehlschlüssen verleiten. Das gilt auch für den anthropomorphen und robomorphen Fehlschluss. Ein Hauptgegenstand und Medium der Ethik ist die Sprache. Nicht nur in Anbetracht sprechender Maschinen und eventueller ethisch reflektierender KI fordert uns der methodisch sichere Umgang mit unseren Worten viel Konzentration ab. Das gilt auch für die konsistente und realisierbare Formulierung von moralischen Robotergesetzen. Da diese das Ethos bzw. den Moralkodex betreffen, bilden sie den Gegenstand des folgenden Kapitels (Ebene II, Bedeutung 4).

Literatur

Birnbacher D (2006) „Utilitarismus." In Düwell M / Hübenthal C / Werner M (Hg) Handbuch Ethik. 2. Auflage. Metzler, Stuttgart / Weimar, S 95–107

Birnbacher D (2007) Analytische Einführung in die Ethik. 2. Auflage. De Gruyter, Berlin / New York

Coeckelbergh M (2010) „Artificial Companions. Empathy and Vulnerability Mirroring in Human-Robot Relations." Studies in Ethics, Law, and Technology 4/3, Article 2

Etzemüller T (Hg) (2009) Die Ordnung der Moderne. Social Engineering im 20. Jahrhundert. Transcript, Bielefeld

Fenner D (2008) Ethik. Wie soll ich handeln? Francke, Tübingen

Fenner D (2010) Einführung in die angewandte Ethik. Francke, Tübingen

Frankena WK (2017) Ethik. Eine analytische Einführung. Springer, Wiesbaden

Fuchs T (2020) Verteidigung des Menschen. Grundfragen einer verkörperten Anthropologie. Suhrkamp, Frankfurt a. M.

Funk M (2014) „Humanoid Robots and Human Knowing – Perspectivity and Hermeneutics in Terms of Material Culture“ In Funk M / Irrgang B (Hg) Robotics in Germany and Japan. Philosophical and Technical Perspectives. Peter Lang, Frankfurt a. M. u. a., S 69–87

Funk M (2020) „What Is Robot Ethics? …And Can It Be Standardized?“ In Nørskov M / Seibt J / Quick OS (Hg) Culturally Sustainable Social Robotics. Proceedings of Robophilosophy 2020. August 18–21, 2020, Aarhus University and online. IOS Press, Amsterdam u. a., S 469–480

Funk M / Frauenberger C / Reichl P (2020) „Vom künstlichen Leben zur Lebenskunst – Was die Ethik digitaler Bildung von ökologischer Verantwortung lernen kann“ Medienimpulse, Bd. 58, Nr. 03 (2020). (Online first 20. September 2020) [(DOI) https://doi.org/10.21243/mi-03-20-17] [open access]

Höffe O (2013a) Ethik. Eine Einführung. Beck, München

Höffe O (2013b) „Einleitung.“ In Ders. (Hg.) Einführung in die utilitaristische Ethik. 5. Auflage. Francke, Tübingen / Basel, S 7–51

Hülser KH (2005) „Anthropomorphismus.“ In Mittelstraß J et al. (Hg) Enzyklopädie Philosophie und Wissenschaftstheorie. Band 1: A–B. 2., neubearbeitete und wesentlich ergänzte Auflage. Metzler, Stuttgart / Weimar, S 157–158

Hume D (2013) Ein Traktat über die menschliche Natur. Teilband 2. Buch II Über die Affekte. Buch III Über Moral. Auf der Grundlage der Übersetzung von Theodor Lipps neu herausgegeben von Horst D. Brandt. Felix Meiner, Hamburg

Irrgang B (2007) Hermeneutische Ethik. Pragmatisch-ethische Orientierung in technologischen Gesellschaften. WBG, Darmstadt

Janich P (2006) Was ist Information? Kritik einer Legende. Suhrkamp, Frankfurt a. M.

Kant I (1974/1788) Kritik der praktischen Vernunft. Grundlegung zur Metaphysik der Sitten. Band VII Werkausgabe. Herausgegeben von Wilhelm Weischedel. Suhrkamp, Frankfurt a. M.

Marsiske HA (2016) „Robophilosophie: Darf man Roboter mit dem Hammer schlagen?“ Heise Online. 19.10.2016, 07:37 Uhr. [Online: https://www.heise.de/newsticker/meldung/Robophilosophie-Darf-man-Roboter-mit-dem-Hammer-schlagen-3354056.html (30.04.2021)]

Mieth D (2006) „Erfahrung.“ In Düwell M / Hübenthal C / Werner M (Hg) Handbuch Ethik. 2. Auflage. Metzler, Stuttgart / Weimar, S 342–347

Moore GE (1996) Principia Ethica. Erweiterte Ausgabe. Reclam, Stuttgart

Nida-Rümelin J / Weidenfeld N (2018) Digitaler Humanismus. Eine Ethik für das Zeitalter der Künstlichen Intelligenz. Piper, München

Ott K (2005) Moralbegründung zur Einführung. Junius, Hamburg

Potthast T (2006) „Umweltethik.“ In Düwell M / Hübenthal C / Werner M (Hg) Handbuch Ethik. 2. Auflage. Metzler, Stuttgart / Weimar, S 292–296

Pieper A (2017) Einführung in die Ethik. 7. Auflage. Francke, Tübingen

Ricken F (2013) Allgemeine Ethik. Fünfte, überarbeitete und ergänzte Auflage. Kohlhammer, Stuttgart

Rüther M (2015) Metaethik zur Einführung. Junius, Hamburg

Schaber P (2006) „Naturalistischer Fehlschluss.“ In Düwell M, Hübenthal C, Werner M (Hg) Handbuch Ethik. 2. Auflage. Metzler, Stuttgart / Weimar, S 454–456

Steigleder K (2006) „Kant.“ In Düwell M / Hübenthal Ch / Werner M (Hg) Handbuch Ethik. 2. Auflage. Metzler, Stuttgart / Weimar, S 128–139

Weber K / Schütz AE / Fertig T (2019) Grundlagen und Anwendung von Information Security Awareness. Mitarbeiter zielgerichtet für Informationssicherheit sensibilisieren. Springer, Wiesbaden

Werner MH (2006) „Diskursethik." In Düwell M / Hübenthal Ch / Werner M (Hg) Handbuch Ethik. 2. Auflage. Metzler, Stuttgart / Weimar, S 140–151

Wimmer R (2006) „Universalisierung." In Düwell M / Hübenthal C / Werner M (Hg) Handbuch Ethik. 2. Auflage. Metzler, Stuttgart / Weimar, S 538–541

Welchen Regeln und Gesetzen müssen Maschinen folgen? (Bedeutung 4)

5

Zusammenfassung

Die vierte Bedeutung der Roboter- und KI-Ethik ist Gegenstand dieses Kapitels. Sie ist verbunden mit dem Begriff des Moralkodex und steht neben Moral und Ethik auf der zweiten Ebene des Genitivus subiectivus. Nicht Menschen, sondern Maschinen sind demnach als potenzielle Subjekte moralischen Handelns zu betrachten. Im Gegensatz zur häufig unausgesprochen gelebten Moral finden sich Verhaltensregeln in einem Moralkodex, auch Ethos genannt, explizit und standardisiert – mündlich oder schriftlich formuliert. Vor diesem Hintergrund steht nicht nur die Definition eines Ethos im Mittelpunkt dieses Kapitels. Detailliert wird auch auf 2 prominente Beispiele und deren Interpretation eingegangen: den VDI-Kodex des Ingenieurhandelns und die Robotergesetze nach Isaac Asimov. Letztere sind als Anweisungen für Maschinen verfasst, wohingegen sich der VDI-Kodex an menschliche technische Experten richtet. Beide Kodizes werden verglichen und kritisch eingeordnet.

5.1 Was ist ein Ethos/Moralkodex?

Was ist in **Moralkodex** oder neuhochdeutsch **Ethos** (nicht zu verwechseln mit dem altgriechischen Wort *ethos;* siehe Abb. Band 1, 3)? Die Übergänge zwischen Moral und Ethik auf der einen Seite und Ethos auf der anderen sind fließend. Dennoch lassen sich Unterschiede aufzeigen. Betrachten wir hierzu noch einmal, was wir unter Moral und Sitten verstehen. Sie bilden Normen, Orientierungen und Werte menschlichen Handelns. Das geschieht oftmals schweigend, drückt sich in Gewohnheiten, Ritualen und oft unbewusst vollzogenen sozialen Routinen aus. Wie tief sich Moral und Sitten in vielerlei Hinsicht in unseren stillen Habitus eingraben, erfahren wir bei Reisen in entfernte Kulturen. Auf einmal werden uns die selbstverständlich geglaubten sozialen

M. Funk, *Roboter- und KI-Ethik,* https://doi.org/10.1007/978-3-658-34666-9_5

Wahrnehmungen durch einen umfassenden Spiegel als nicht selbstverständlich vorgeführt. Vom Verhalten im Straßenverkehr bis hin zur Körpersprache, von Architektur und Raumgestaltung bis hin zu Essen, Gewürzen und Tischsitten – im Angesicht des Fremden wird das Vertraute erst einmal so richtig offensichtlich. Der Begriff des Kulturschocks beschreibt dieses Phänomen und der Eigenkulturschock drückt die umgekehrten Adaptionsprobleme aus, wenn wir uns nach längerer Zeit an die vormalige Fremde schon so gewöhnt haben, dass wir auf einmal Orientierung bei der Rückkehr in die Heimat einbüßen. Wir erfahren in Momenten dieser Art, dass sittliche bzw. moralische Werte oft unausgesprochen und implizit sowohl unsere soziale als auch materielle Umgebung durchdringen.

Entwerfe ich einen Stuhl in einer bestimmten Form, designe ich damit eine konkrete kulturelle Verhaltensnorm. Ich konstruiere Sitzen. Für Autos und Fahrgewohnheiten gilt dies genauso wie für Besteck – Messer und Gabel in Europa, Stäbchen in Asien – oder die Gestaltung von Gärten und Wohnräumen. Wer in südlichen Ländern oder in asiatischen Großstädten mit einem von Elektronik durchsetztem Auto unterwegs ist und die Hupe nur im Notfall zu gebrauchen gewohnt ist, muss sich umstellen. Hupen gerät zum Normalfall und dient nicht selten der akustischen Orientierung. Überholen auf der rechten Spur – auch bei Linksverkehr – ist gang und gäbe, die Außenspiegel sind meist eingeklappt oder bereits abgefahren. Da wird Hupen zur anständigen Norm. Auch Lackkratzer oder Beulen in der Karosserie gelten nicht unbedingt als Frevel. Fahre ich ein Hightech-Auto, das ich ohne Fachwerkstatt nicht selbst instand halten kann, dann komme ich in Regionen mit unpassender Infrastruktur nicht weit. Nicht nur sozial, sondern auch materiell in der Wahl meines fahrbaren Untersatzes habe ich mich anzupassen. Manchmal sind einfache Gefährte, die sich mit simplen Handwerkzeugen reparieren lassen, die deutlich bessere Wahl. Oft wissen wir **implizit** um Normen ohne sie **explizit** auszusprechen. Es sei denn, wir müssen uns auf Reisen in andere Kulturen vorbereiten und versuchen so viel wie möglich über das angemessene Verhalten in der Fremde in Erfahrung zu bringen – etwa durch die Lektüre von Reiseführern. Und selbst dann lauern Fettnäpfchen an allen Ecken und Enden. Am besten lassen sich diese durch ortskundige Führer oder Freunde vermeiden. Denn ihnen ist der Umgang schon längst durch Erfahrung zur Routine geworden.

Ist ein Roboter der Moral fähig, wenn er nur explizites, logisch-algorithmisches Wissen und entsprechende Informationen verarbeiten kann (Kap. 3, Bedeutung 2)? Können Roboter und KI einen Kulturschock erleiden? Wenn nein, sagt uns das etwas über die Grenzen der Moralfähigkeit von Maschinen. Denn der oft beschriebene Kulturschock ist schon der erste Schritt des Menschen auf dem mühsamen Weg, implizite moralische Normen und ihre materielle Repräsentation (z. B. die Gestaltung von Städten, Autos und Infrastruktur) zu erlernen. Mit implizitem und explizitem Wissen, KI und Roboterhandeln werden wir uns weiter in *Band 4, 1* beschäftigen. An dieser Stelle soll hinführend das Ethos im Mittelpunkt stehen. Schauen wir hierzu zunächst auf die Ethik. Wenn wir ethisch über sittliche Normen und Werte nachdenken, dann müssen wir diese ebenfalls explizit machen und in sprachliche Formen überführen – also im

Rahmen **deskriptiver Ethik** menschliche Handlungen *beschreiben*. Nur so können wir darüber rational nachdenken (**normative Ethik**), auch wenn gleichzeitig Intuitionen, Erfahrungen und Emotionen eine wichtige Rolle spielen. Als rationale Wissenschaft ist Ethik universalisierbar und schließt entsprechende Bereiche theoretischen Wissens ein (Kap. 4, Bedeutung 3).

Davon zu unterscheiden ist eine zweite Weise der Explikation von Moral, die des **Ethos oder Moralkodex**. Hier sind wir nun nach mehreren Abgrenzungen beim eigentlichen Thema dieses Abschnitts angelangt. Als Sittlichkeit institutionalisiert ein Ethos die handlungsleitenden Sitten einzelner Personen oder sozialer Gruppen. In ihm werden moralische Gebote und Verbote, das sittliche Sollen, Dürfen und Unterlassen, in standardisierten Formeln ausgedrückt – mündlich oder schriftlich. Insofern ist es möglich, dass ein Ethos das Resultat ethischer Kritik, Abwägung, Argumentation und Reflexion ist. Dies ist jedoch nicht zwingend der Fall. Ein Ethos kann auch ohne weitere rationale Überprüfung kulturhistorisch überlieferte moralische Regeln oder religiöse Normen festschreiben. Auch besteht kein Anspruch auf Vollständigkeit. Nicht alle Sitten müssen in einem Kodex versammelt werden, wenn sie sich überhaupt gänzlich erfassen ließen. Insbesondere in Gestalt des Berufs- oder Standesethos weist ein Moralkodex häufig inhaltliche und formale Berührungen zum Recht auf (Höffe 2013, S. 9–11; Honnefelder 2006, S. 509–510; Mieth 2006, S. 345–346; Pieper 2017, S. 21–26). Wie bei geltenden juristischen Gesetzen, so stellt sich auch beim Ethos die Auslegungsfrage: Wie sind die allgemein aufgeschriebenen Regeln im konkreten Fall anzuwenden? Das Problem der Einzelfallentscheidung ist damit verbunden und wird uns in *Band 2, 1* detaillierter beschäftigen. Die kennzeichnende Frage für die vierte Bedeutung der Roboterethik lautet darum: Können Roboter einem Moralkodex folgen, wenn ja, welchem sollten sie folgen, und wie urteilen sie im Einzelfall (Beispiel II, Abschn. 5.3)? Bedeutung 1 rückt Menschen als moralische Subjekte in den Mittelpunkt. Hier geht es dem entgegen um die Kodifizierung menschlichen Verhaltens beim Erschaffen von Robotertechnik (Beispiel I, Abschn. 5.2). In Abb. Band 1, 5.1 sind die Zusammenhänge zwischen Sitten, Ethik und Ethos zusammengefasst.

▶ **Definition: Ethos/Kodex** Ein Ethos oder Moralkodex ist eine Explikation sittlicher Normen. Moralische Regeln, Gebote, Verbote und Orientierungen werden mündlich oder schriftlich formuliert. Hierdurch erscheinen sie in standardisierter Form und lassen sich vereinheitlicht zwischen Menschen teilen. Im Gegensatz zur Ethik steht die Kodifizierung und Institutionalisierung der Normen im Mittelpunkt – nicht jedoch notwendigerweise auch deren wissenschaftliche Durchdringung. Ein Ethos kann das Resultat ethischer Reflexion sein, oder aber ohne weitere rationale Bewertung überliefert stehen. Besonderes Merkmal vieler Kodizes ist die Regulierung der Zugehörigkeit zu sozialen Gruppen und der Funktion des Individuums in der Gemeinschaft (wie etwa im Berufsleben durch einen Berufsethos). Klassisch ist unter einem Ethos die Kodifizierung menschlicher Moralregeln zu verstehen. In der Roboterethik wird untersucht, ob das auch für die Funktionen von Maschinen gelten kann und wenn ja, welchen Gesetzen

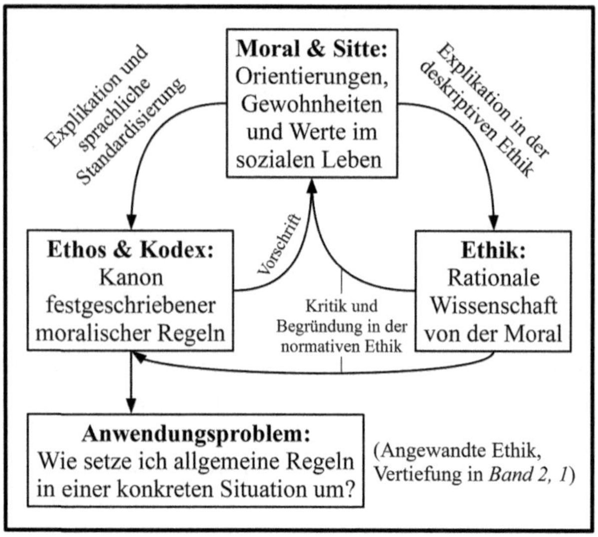

Abb. Band 1, 5.1 Ethos und Ethik als 2 Formen, implizites moralisches Wissen zu explizieren

Maschinen zu folgen hätten. In der Europäischen Union gibt es seit einigen Jahren zunehmende Bemühungen, für den Umgang mit Robotern, Drohnen und KI Kodizes auszuhandeln – nicht ganz unmissverständlich als Ethics Guidelines bezeichnet.[1]Dabei handelt es sich um Empfehlungen, die nicht rechtlich verbindlich sind. Ein Ethos/Moralkodex ist eine weichere Form der Regulierung als geltendes Recht

5.2 Beispiel I: Der VDI-Kodex des Ingenieurhandelns

Beispiele für ein Ethos sind die Zehn Gebote der Bibel, wie auch der seit antiken Zeiten überlieferte Hippokratische Eid für das Arzt-Patienten-Verhältnis. Letzterer stellt einen Standeskodex für Medizinerinnen dar, der teilweise heute noch in verschiedenen Versionen praktiziert wird (Maio 2012, S. 94–101; Wiesing 2008). Die **Berufsgruppe der Ingenieurin** ist historisch deutlich jünger und konnte nicht auf eigene antike Vorlagen zurückgreifen. Infolgedessen kommt es seit dem 20. Jahrhundert vermehrt zur Auseinandersetzung mit **Kodizes des Ingenieurhandelns** (Ropohl 2016, S. 61–64). Einen entsprechenden Berufsethos verabschiedete der Verein Deutscher Ingenieure (VDI) im Jahr 2002 unter dem Titel *Ethische Grundsätze des Ingenieurberufs.* Fünf Jahre später wurde dieser auch von der europäischen Ingenieurvereinigung Föderation Europäischer Nationaler Ingenieurverbände (Fédération Européenne d'Associations Nationales d'Ingénieurs = FEANI) übernommen. Der VDI-Kodex zielt vor allem auf die Konkretisierung der Ingenieurverantwortung für ihr berufliches Handeln. Insgesamt

[1] https://ec.europa.eu/futurium/en/ai-alliance-consultation.1.html

umfasst das Ethos eine explizite Kodierung provisorischer Moral, die ausdrücklich für Weiterentwicklung offen sein muss (Hubig 2007, S. 186–190). In der Anpassungsdynamik an aktuelle technische Entwicklungen und die Lehren, die aus Unfällen aller Art zu ziehen sind, liegt der Grund für die Bezeichnung „provisorisch".

Schauen wir uns einige Auszüge aus diesem Ethos für Ingenieurinnen (gültig auch für Informatikerinnen im Bereich der Robotik und KI) an. Als **strategische Verantwortung** wird z. B. die Gestaltung von Handlungsmöglichkeiten für die Techniknutzerinnen beschrieben:

> 1.4 Ingenieurinnen und Ingenieure bekennen sich zu ihrer Bringpflicht für sinnvolle technische Erfindungen und Lösungen: Technische Verantwortung nehmen sie wahr, indem sie für Qualität, Zuverlässigkeit und Sicherheit sowie fachgerechte Dokumentation der technischen Produkte und Verfahren sorgen. Sie sind mitverantwortlich dafür, daß die Nutzer technischer Produkte über die bestimmungsgemäße Verwendung und über die Gefahren eines naheliegenden Fehlgebrauchs hinreichend informiert werden. Strategische Verantwortung nehmen Ingenieurinnen und Ingenieure wahr, indem sie daran mitwirken, die jeweiligen Leistungsmerkmale technischer Produkte und Verfahren festzulegen: Sie zeigen Lösungsalternativen auf, eröffnen neue Suchräume und berücksichtigen die Möglichkeiten von Fehlentwicklungen und vorsätzlichem Fehlgebrauch. (VDI 2002, S. 4)

Die moralischen Grundwerte der Zuverlässigkeit und Sicherheit finden sich hier wieder, wie auch Aufklärung durch Dokumentation. Für die Verantwortung in der Roboterentwicklung kann das Gebot der Zuverlässigkeit und Sicherheit zu einem Konflikt führen. Denn Roboter funktionieren zuverlässig und sicher durch das Erfassen und Speichern von Sensordaten. Der Begriff Sicherheit ist jedoch mehrdeutig insofern er Datensicherheit in Verbindung mit Datenschutz einschließt *(Band 2, 3.4).* Über die eigentliche Funktion hinaus müssen weitere Schutzmaßnahmen, vornehmlich die der IT-Sicherheit, getroffen werden. In der Technikethik lässt sich dieser Umstand als eine Art des Nebeneffekts (**side effect**, siehe *Band 2, 3.3*) beschreiben. Denn das Erfassen und Speichern mannigfaltiger Daten ist hier nicht das Ziel, sondern ein Mittel damit der Roboter seinen eigentlichen Zweck – vielleicht in einer Pflegeeinrichtung – zuverlässig erfüllen kann. Nebeneffekte dieser oder ähnlicher Art können auch unvorhergesehen in der Entwicklung oder Nutzung auftreten. Die Werte der physisch sicheren Zuverlässigkeit und (Daten-)Sicherheit können also in Konflikt geraten. Der VDI-Kodex ist provisorisch, weil er solchen Entwicklungen auch in der Zukunft Rechnung tragen muss. Er lässt Raum für Dissens, was kein Nachteil ist, sondern in der Natur der Sache liegt. Denn ein Ethos expliziert moralische Vorgaben, die jedoch in unterschiedlichen Situationen anzuwenden sind, intern oder extern mit anderen Normen in Konflikt geraten können und vielfältig gelebten Sitten gegenübersteht. Provisorische Moral ist darum permanentes Dissensmanagement (Hubig 2007, S. 147–163). Im Originalwortlaut liest sich die entsprechende Passage des VDI-Kodex wie folgt:

> 3.6 Sie [die Ingenieurinnen und Ingenieure] wirken an der Fortentwicklung und Anpassung dieser berufsethischen Grundsätze mit und beteiligen sich an einschlägigen Beratungen (VDI 2002, S. 6).

Neben side effects spielt auch die Umdeutung technischer Mittel eine wichtige Rolle. Als Fehlgebrauch oder Zweckentfremdung lässt sich die vom Hersteller nicht-intendierte **Umnutzung** eines Roboters in der Anwendung bezeichnen *(Band 2, 3.3)*. VDI 1.4 zielt mit der strategischen Verantwortung darauf ab, da Ingenieurinnen die Potenziale der Umnutzung durch Design und Dokumentation mitbestimmen (zur Verantwortungsproblematik siehe *Band 2, 4*). VDI 3.6 ermahnt zur Revision des Kodex, sollten sich daraus (noch) nicht normativ regulierte Handlungsformen ergeben. Im wenig problematischen Fall kann die Umnutzung z. B. bedeuten, dass ich einen Quad(ro)copter als Spielzeug für meinen Hund gebrauche – und nicht als Spielzeug für meine Kinder, wie es auf der Packung steht. Solange ich das Tier nicht schädige spricht zunächst nichts dagegen. In krassem Gegensatz dazu steht jedoch die Gefahr der Umnutzung von Pflegerobotern durch Terroristinnen. Pflegeroboter gehören zur kritischen Infrastruktur einer Gesellschaft, insofern sie in medizinischen Einrichtungen gebraucht werden. Auch wenn die eigentlich adressierten Nutzerinnen sich nichts zuschulden kommen lassen, könnten doch andere Gruppen uneigentlich auf der Softwareebene diese Geräte hacken und zur nicht intendierten schädlichen Funktion bringen. Es liegt in der strategischen Verantwortung von Ingenieurinnen durch bestmögliche Absicherung der IT die Umnutzung zu vereiteln – oder zumindest nach bestem Wissen und Gewissen höchstmögliche Barrieren einzubauen. Hierzu ist Weiterbildung, Beratung und gegebenenfalls die Anpassung der VDI-Grundsätze nötig. Zugegeben, absolute Sicherheit gibt es nicht. Und es wäre unangemessen absolute Störungsfreiheit von technischen Experten zu erwarten. Denn was der „dümmste oder unmoralischste anzunehmende Nutzer" mit einem Gerät wirklich tun könnte, das vorherzusagen, fällt selbst den kreativsten Köpfen schwer.

Es stellen sich nicht unerhebliche Anwendungsfragen. Im VDI-Kodex wird ein weitestgehend professioneller Teil der moralischen Orientierung von Ingenieuren in festen Formulierungen aufgeschrieben. Interessen und Verpflichtungen gegenüber Unternehmern gehören in den Bereich der Wirtschaftsethik, sind aber auch unter technikethischen Fragestellungen zur Bewertung des Ingenieurhandelns zu berücksichtigen. Denn gegenüber Arbeitgebern gibt es ebenfalls Verpflichtungen, die mit einem Moralkodex in Konflikt geraten können. Dies betrifft z. B. die kodifizierte „Bringpflicht für sinnvolle technische Erfindungen und Lösungen": Zuweilen ist es im wirtschaftlichen Interesse mancher Unternehmen, ein weniger sinnvolles Produkt auf den Markt zu bringen. Denn so lassen sich durch geplante Obsoleszenz, also die absichtliche Verkürzung der Lebensdauer eines Produkts oder Produktteils, Kunden zum permanenten Neukaufen zwingen sowie gleichzeitig Mitbewerber ausrangieren. Der moralische Konflikt entsteht für den Arbeitnehmer zwischen der Erfüllung seiner Bringpflicht und der Loyalität gegenüber dem Arbeitgeber. Letztere enthält nicht zuletzt die Verschwiegenheitspflicht und Wahrung wirtschaftlicher Interessen. Ein ganz ähnlicher Konflikt entsteht, wenn eine Softwareentwicklerin ein unfertiges Produkt auf den Markt werfen soll, wohl wissend, dass Kundinnen dann noch mühsam über eine längere Zeit zu updaten haben, bevor das Programm richtig läuft. Auch gegen das Eigeninteresse der Entwickler verstößt ein solches Vorgehen, da Kunden zweckentfremdet zu Produkttestern werden. Diesen Job sollten aber bezahlte Fachkräfte und Laien übernehmen (weitere Konfliktfälle der Ingenieurverantwortung diskutiert z. B. Ropohl 2016, S. 121–126 et passim).

Lösungen lassen sich im Praxisfeld auf **mittlerer Ebene** bearbeiten. Es ist also nicht nötig, in die tiefsten Tiefen der ethischen Theoriebildung abzutauchen *(Band 2, 1)*. Hinzu tritt ein Verbund individueller und institutioneller Maßnahmen. Wo also Politik und Rechtsprechung gefordert sind, sollte die Verantwortung nicht auf den einzelnen Anwender oder Ingenieur übertragen werden. Umgekehrt gilt, bei der Umsetzung eines Ethos kann sich das Individuum nicht hinter Institutionen verstecken (Lenk und Maring 2004, S. 500). Der VDI-Kodex behandelt außerdem nur eingeschränkt das Problem der Verteilung von Verantwortung und kann die eigentliche Anwendung in der beruflichen Praxis nicht leisten. Die Regeln sind aber auch lebensnaher als allgemeine ethische Normen, da sie professionsspezifisch vorliegen. Trotzdem werden konkrete Konflikte nicht beschrieben und Lösungsstrategien nur angerissen. Für einen Ethos ist der VDI-Kodex weit entwickelt, da er universalmoralische Normen mit allgemeinen Vollzugsregeln verbindet (ebd., S. 504). Ohne geltende Rechtsprechung und couragierte Bürgerinnen bleibt ein Ethos aber im Endeffekt wirkungslos. Gleiches lässt sich wohl auch über neuere Kodizes wie die *Ethics Guidelines for Trustworty Artificial Intelligence* (AI HLEG 2019) sagen.

▶ **Tipp: Kommunikation statt Angst vor der Unsicherheit** Die Grundsätze des VDI zum Ingenieurhandeln rangieren auf der mittleren Ebene zwischen der ganz konkreten Handlungsanweisung und der ganz abstrakten ethischen Theorie. Das kann auch ein Gefühl der Unsicherheit erzeugen. Was soll ich denn nun konkret machen? Welche Theorie steht dahinter und wie überzeugend ist diese? Was folgt in meinem Fall aus den immer noch eher unkonkreten Ausführungen zu strategischer Verantwortung oder dem Gebot der Zuverlässigkeit und Sicherheit? Eine erste durchaus positive Antwort lautet: Es folgt eine gute Unsicherheit. Menschen sind Spezialisten im Meistern des Unerwarteten, ganz im Gegenteil zu Robotern. Von den Eiswelten der Arktis bis zu den Wüstenlandschaften Afrikas finden Menschen Wege zu überleben – nicht als asoziale Einzelgängerinnen, sondern in moralisch gelingenden Gemeinschaften. Die ersten 3 Praxistipps in moralischen und/oder ethischen Konflikten oder Unklarheiten lauten darum: 1. Kommunikation, 2. Kommunikation und 3. Kommunikation; sei es mit Freunden, Verwandten, Betriebsräten, Vorgesetzten, Schlichtungsstellen oder anderen Gremienvertreterinnen oder Institutionen. Es ist die Summe der kleinen Schritte, die zum Ziel führt, auch in der gelebten Moral und rationalen Ethik. Wenn vorliegendes Buch bei dem einen oder anderen kleinen Schritt mithelfen kann, und sei es nur ein Beitrag zur Begriffsklärung oder zur Lust am kritischen Denken, dann ist sein Zweck schon erfüllt.

Ein Ethos ist ausdrücklich für Menschen geschrieben. Der VDI-Kodex zum Ingenieurhandeln ist ein Beispiel hierfür. Wenn Maschinen andere Maschinen entwickeln, dann könnten wir das Ethos des Ingenieurhandelns aus der Perspektive des Genitivus subiectivus betrachten: Ein Ethos, dem Roboter in ihrer Funktionsweise zu folgen hätten. Mit explizit formalisierten Regeln müssten datenverarbeitende Systeme auf den ersten Blick gut zurechtkommen können. Ob das stimmt und welchen Regeln sie dabei folgen sollten, wird im Rahmen der Roboterethik diskutiert (Bedeutung 4). Die Verantwortung der Ingenieure, Gesetzgeber oder Nutzer ist jedoch Gegenstand der Bereichsethik (Bedeutung 1). Denn im Fall der ersten Bedeutung von Roboterethik geht es um das moralische Handeln der Menschen im Umgang mit Robotern. Bedeutung 2, 3 und 4 zielen auf die Frage ab, ob und wie Maschinen selbst moralisch handeln, ethisch begründen oder einem Ethos folgen können. Wir sehen dabei, wie sich praktische und theoretische Philosophie durchdringen. Die Frage nach Moral, Ethik und Ethos – dem sittlichen Handeln – führt uns direkt zur Epistemologie – der Analyse verschiedener Erkenntnis- und Wissensformen einschließlich den Grenzen und Möglichen der künstlichen Intelligenz (Vertiefung in *Band 3, 6.1* und *Band 4*). Weit mehr als die VDI-Grundsätze des Ingenieurhandelns, die ja für Menschen geschrieben sind, beeinflussen die „Robotergesetze" oder auch „Asimovschen Gesetze" von Isaac Asimov (1920–1992) die Debatte der Roboterethik. Denn die Robotergesetze sind für Maschinen verfasst, um Menschen vor Schaden zu bewahren (Bendel 2016, S. 190–191; Misselhorn 2018, S. 108). Wir werden uns diese im nächsten Abschnitt genauer ansehen. Hier zur Überleitung schon einmal ein kurzer Vergleich der beiden Kodizes:

Übersicht: Ethische Grundsätze des Ingenieurberufs (VDI) und Robotergesetze (Asimov) im Vergleich

Einige formale Gemeinsamkeiten und Unterschiede zwischen dem VDI-Kodex und Asimovs Gesetzen sowie sich daraus ergebende Forschungsfragen:

VDI-Grundsätze des Ingenieurberufs	Robotergesetze nach Isaac Asimov
Berufsethos/Standeskodex	Logische Verfahrensregeln für datenverarbeitende Maschinen, die mit ihrer Umwelt physisch interagieren können
In menschlicher Sprache für Menschen geschrieben	In menschlicher Sprache für Maschinen geschrieben
Lassen sich die Grundsätze/Regeln überhaupt eineindeutig in Maschinensprache übersetzen?	
Angesprochen sind menschliche Akteure, die Mittel verwenden (Werkzeuge, Computer etc.), aber selbst kein Mittel sind	Angesprochen sind Maschinenakteure, die selbst als Mittel verwendet werden, aber auch andere Mittel gebrauchen können
Regulieren das Verhalten von Menschen (moral agents) gegenüber anderen Menschen, der Gesellschaft und Umwelt (moral patients)	Regulieren das Verhalten von Maschinen (moral agents) gegenüber Menschen und der Menschheit (moral patients)

VDI-Grundsätze des Ingenieurberufs	Robotergesetze nach Isaac Asimov
Unproblematische Prämissen: Jeder Mensch ist ein moral agent und ein moral patient. Die (ökologische) Umwelt ist als moral patient anerkannt	Unproblematische Prämisse: Menschen und die Menschheit sind moral patients Problematische Prämisse: Sind Roboter wirklich moral agents? Verstößt ihr Mittelcharakter gegen das Instrumentalisierungsverbot (Selbstzweckformel Kants)?
Offene Frage: Wie sollen sich Menschen gegenüber Robotern verhalten?	Offene Frage: Wie sollen sich Roboter gegenüber anderen Maschinen verhalten?
Offene Frage: Können und sollen Maschinen, die andere Maschinen entwickeln, auch den Ingenieur-Grundsätzen folgen?	Offene Frage: Müssen menschliche Ingenieure sich auch an die Asimovschen Robotergesetze halten?

Bevor wir uns detailliert mit den Robotergesetzen beschäftigen, sei noch ein Blick auf die letzte Zeile der Übersicht geworfen. In der rechten Spalte begegnet uns wieder die klassische Frage des Standesethos. Und in der Tat hat es hierzu auch schon auf EU-Ebene einen Antwortvorschlag gegeben: Ja, die Asimovschen Gesetze müssen „auf Entwickler, Hersteller und Betreiber von Robotern … gerichtet angesehen werden", mit der Begründung, dass „diese Gesetze nicht in einen Maschinencode umgewandelt werden können" (Delvaux et al. 2017, S. 6–7). Im Jahr 2010 schlug das *Engineering and Physical Sciences Research Council* (EPSRC) darüber hinaus **5 Gesetze verantwortlicher Robotik** vor, die sich explizit an menschliche Akteurinnen richten. Hier wird z. B. im zweiten Gesetz gefordert, dass prinzipiell Menschen, keinesfalls Roboter, Verantwortung zugeschrieben wird. Gesetz 5 fordert, dass eine rechtlich verantwortliche Person für jeden Roboter genannt werden muss. Interessant für das Roboterdesign sind auch die Gesetze 3 und 4, nach denen Roboter als technische Produkte erkennbar sein müssen (EPSRC 2010). Besonders dieser Punkt kann mit Ansätzen der humanoiden und androiden Robotik kollidieren, da es hier ja explizites Ziel ist, möglichst menschenähnliche Maschinen zu realisieren (siehe auch *Band 3, 2*).

5.3 Beispiel II: Die Robotergesetze nach Isaac Asimov

In so ziemlich jedem Buch über soziale, moralische und ethische Fragen der Robotik findet sich ein Hinweis auf Asimovs 3 bzw. 4 Robotergesetze. Natürlich werden wir uns diese auch genauer ansehen. Isaac Asimov (1920–1992) spielt in der Roboter- und KI-Ethik eine besondere Rolle. Er gilt als einer der prägendsten Science-Fiction-Autoren des 20. Jahrhunderts und hat mit seinen **Robo Laws** (Robotergesetzen) auch die fachphilosophische und computerwissenschaftliche Debatte beeinflusst. Nicht zuletzt haben sie die im vorherigen Abschnitt erwähnten 5 Gesetze verantwortlicher

Robotik des EPSRC angeregt, die für Menschen geschrieben stehen. Vor allem in den 1940er-Jahren versucht Asimov bereits in einer Phase der frühesten Gehversuche realer Computer- und Robotertechnik das Nachdenken über diese Maschinen zu versachlichen. Er stellt sich dem „Frankensteinkomplex" seiner Zeit. Roboter sollen differenzierter dargestellt werden und nicht nur als Gefahr für die Menschheit. 1942 bringt der Autor in seiner Erzählung Runaround, die später als Teil der Sammlung Ich, der Roboter erschien, die **klassischen 3 Robotergesetze** auf einen Begriff (Jordan 2017, S. 51–54; Laßmann 2017, darin Gliederungspunkte 2, 2.2, 2.3). Diese lauten in der deutschen Übersetzung von Otto Schrag:

1. „Ein Robot[er] darf kein menschliches Wesen verletzen oder durch Untätigkeit gestatten, dass einem menschlichen Wesen Schaden zugefügt wird …
2. Zweitens … muss ein Robot[er] den ihm von einem Menschen gegebenen Befehlen gehorchen, es sei denn, ein solcher Befehl würde mit Regel eins kollidieren …
3. Und drittens: Ein Robot[er] muss seine eigene Existenz beschützen, solange dieser Schutz nicht mit Regel 1 oder 2 kollidiert" (Asimov 2016, Runaround).

Hinzu tritt 1983 in der Erzählung The Robots of Dawn ein viertes Gesetz, das er den 3 klassischen als **nulltes Gesetz** voranstellt. Weiterhin erhalten die älteren Gesetze je einen Verweis auf das nullte Gesetz (Laßmann 2017, 2.5.4., Abs. 1–3):

0. Das nullte Gesetz
Ein Roboter darf der Menschheit keinen Schaden zufügen oder durch Untätigkeit zulassen, dass der Menschheit Schaden zugefügt wird.

1. Das Erste Gesetz
Ein Roboter darf einem menschlichen Wesen keinen Schaden zufügen oder durch Untätigkeit zulassen, dass einem menschlichen Wesen Schaden zugefügt wird, es sei denn, dies würde das nullte Gesetz der Robotik verletzen.

2. Das Zweite Gesetz
Ein Roboter muss dem ihm von einem menschlichen Wesen gegebenen Befehl gehorchen, es sei denn, dies würde das nullte oder das erste Gesetz der Robotik verletzen.

3. Das Dritte Gesetz
Ein Roboter muss seine Existenz beschützen, es sei denn, dies würde das nullte, das erste oder das zweite Gesetz der Robotik verletzen (Asimov 2016, Die Grundregeln der Robotik).

In seinen Betrachtungen zu Asimovs Robotergesetzen schließt Gunter Laßmann das nullte Gesetz aus verschiedenen Gründen aus. Es sei zu abstrakt, mit zu viel historischem Abstand zu den 3 klassischen entstanden, ändere die Hierarchie zu stark und sei zu wenig bekannt (Laßmann 2017, 2.5.4., Abs. 4–8). Wir werden in vorliegendem Buch jedoch auch auf das nullte Gesetz blicken. Die Gründe dafür werden sich gleich zeigen.

Seien es nun 3 oder 4 Gesetze, in der Umsetzung gilt, dass sie entweder einer strikt **hierarchischen Interpretation** folgen. Dann genießt das je höhere Gesetz unbedingten Vorrang. Es ergibt sich pro Gesetz eine Skala und der Roboter muss in jeder Situation nacheinander alle 3/4 Skalen bewerten und prüfen. Alternativ werden in der **nicht strikten Interpretation** die 3/4 Einzelskalen durch Multiplikation mit Koppelkonstanten zu einer einzigen Skala umgerechnet. In diesem Fall muss vor der jeweiligen Entscheidungslage vorgegeben werden, um wie viel ein höheres Gesetz wichtiger ist als das jeweils niedrigere. Daraus ergibt sich jedoch das Problem, dass die Koppelkonstanten, also die Priorität des jeweiligen Gesetzes, sich oft erst im konkreten Moment der Anwendung zeigt. Denn Roboter agieren im wahren Leben in offenen Systemen. Diese lassen sich nicht wie beim geschlossenen System des Schachspiels in einer einfachen Gewinn-Verlust-Rechnung zwischen Schutz des Königs und Bauernopfer vorher kalkulieren (ebd., Abs. 2.1.1). Angelehnt an Laßmanns Analyse der 3 Gesetze können wir über dies hinaus für alle 4 Gesetze folgende Skalen freilegen:

0. Gesetz = Skala: Menschheit
   - 0.1 Schutz: positive Bewertung unterbindet Unterlassung, führt zur (schützenden) Aktion
   - 0.2 Schadensvermeidung: positive Bewertung unterbindet Aktion, führt zur Unterlassung
1. Gesetz = Skala: individuelle Menschen
   - 1.1 Schutz: positive Bewertung unterbindet Unterlassung, führt zur (schützenden) Aktion
   - 1.2 Schadensvermeidung: positive Bewertung unterbindet Aktion, führt zur Unterlassung

   → Kollision mit nulltem Gesetz: positive Bewertung führt
   - a) bei strikter Interpretation unmittelbar zur negativen Bewertung (Ignorieren) der Schadensvermeidung und des Schutzes individueller Menschen
   - b) bei nicht strikter Interpretation abhängig von Koppelkonstante/Präferenz zur negativen Bewertung (Ignorieren) der Schadensvermeidung und des Schutzes individueller Menschen
2. Gesetz = Skala: Gebot der Auftragsbefolgung

   → Kollision mit nulltem oder erstem Gesetz: positive Bewertung führt
   - bei strikter Interpretation unmittelbar zur negativen Bewertung (Ignorieren) der Auftragsbefolgung
   - bei nicht strikter Interpretation abhängig von Koppelkonstante/Präferenz zur negativen Bewertung (Ignorieren) der Auftragsbefolgung

3. Gesetz = Skala: Gebot der Eigensicherung
   → Kollision mit nulltem, erstem oder zweitem Gesetz: positive Bewertung führt
   - bei strikter Interpretation unmittelbar zur negativen Bewertung (Ignorieren) der Eigensicherung
   - bei nicht strikter Interpretation abhängig von Koppelkonstante/Präferenz zur negativen Bewertung (Ignorieren) der Eigensicherung

Da das nullte und erste Gesetz genau genommen jeweils auf die aktive Handlung und die **Unterlassung** abzielen („… darf der Menschheit [durch zu unterlassende *Aktivität*] keinen Schaden zufügen oder durch *Untätigkeit* zulassen …"), ergeben sich für diese Gesetze jeweils 2 Skalen (0.1, 0.2, 1.1, 1.2). In Summe kämen wir hiermit insgesamt auf 6 statt 4 Skalen. Wird nun das Gegenrechnen jeder möglichen Kollision (insgesamt wieder 6, da das erste Gesetz nur mit dem nullten Gesetz, das zweite Gesetz jedoch mit dem nullten und ersten Gesetz sowie das dritte Gesetz gar mit dem nullten, ersten und zweiten Gesetz kollidieren kann) in einer je eigenen Skala abgebildet, dann würden wir in Summe bei 12 Skalen landen. Die Hauptprobleme bei der Umsetzung ergeben sich jedoch weniger aus den möglichen Skalen und Berechnungen der gebotenen Handlungsoption, sondern aus der Anwendung dieser allgemeinen Gesetze in konkreten Situationen. Hinzu tritt die inhaltliche Unterbestimmung von Schlüsselbegriffen. Das formale Set der 3/4 Gesetze gibt uns und dem Roboter bzw. Computer keinen Hinweis darauf, was inhaltlich z. B. unter einem Menschen oder gar der Menschheit zu verstehen ist.

Gunter Laßmann deckt zusätzlich einen Widerspruch der Form *servio ergo sum* („ich diene also bin ich") auf. Demnach kann nur ein funktionierender Roboter (drittes Gesetz) auch die Umsetzung der hierarchisch höheren Gesetze sicherstellen. In Folge könnte die Hierarchie umkippen oder kollabieren: Das Funktionieren des Roboters hätte unter Umständen höchste Priorität. Es sei denn, Roboter werden bei Ausfall direkt ersetzt, nur einmal verwendet oder sie stehen in ausreichender Zahl zur Verfügung (ebd., Abs. 2.3.2 & 2.3.3). Bezogen auf die Skalen des aktiven Schutzes (0.1 und 1.1) mag das zutreffen. Der Roboter wäre dann so etwas wie ein Rettungsschwimmer, der trotz des unbedingten Gebots, Ertrinkende zu retten, zuerst auf die Eigensicherung zu achten hat. Denn sollte eine Rettungsschwimmerin unachtsam selbst in Seenot geraten, kann sie niemandem mehr helfen und bindet selbst Rettungskräfte. Jedoch gibt es auch in Asimovs Formulierungen das Gebot der Unterlassung (Schadensvermeidung durch Passivität 0.2 und 1.2). Im übertragenen Sinne ließe sich die Formel *omitto ergo sum* („ich unterlasse also bin ich") hierarchisch sogar über *servio ergo sum* stellen. Denn implizit ist mit dem nullten und ersten Gesetz gesagt, dass der Roboter nur existieren darf, solange er die Fähigkeit bzw. Funktionalität zur Untätigkeit besitzt. Besitzt er diese nicht, dann verstößt er per se gegen das nullte und erste Gesetz. Unterlassung kommt damit logisch gesehen eine besondere Priorität zu. Die Hierarchie bleibt in diesen Skalen (0.2 und 1.2) ohne weitere Annahmen erhalten, das dritte Gesetz ist schwächer. Im Verbund mit den Unterlassungsgeboten des nullten und ersten Gesetzes kann es zur Selbstopferung des Roboters kommen, wenn er dadurch Menschen oder die Menschheit vor Schaden bewahrt.

Hintergrund: Unterlassung ist auch eine Handlung und vielleicht schon bald eine IT-Funktion

Unterlassung ist ein Konzept der Handlungstheorie im humanen Bereich (Janich 2014). Als unterlassene Hilfeleistung ist sie auch Gegenstand eines Rechtsverstoßes. Unter einer Handlung verstehen wir ein Medium zur wissentlichen und gewollten Gestaltung sowie Entdeckung der ausführenden menschlichen Person selbst und seiner Umwelt. Reflexe wie Niesen oder Husten sind keine Handlungen. Voraussetzung ist die Fähigkeit zur praktischen Umsetzung des intendierten Eingriffs. Eine Unterlassung setzt Wissen, Wollen und Können voraus. Es ist die absichtliche Entscheidung, etwas nicht zu tun, was man tun könnte. Bezogen auf die Rechtsprechung gilt nach wie vor: Unwissenheit schützt vor Strafe nicht (Lorenz 2008; siehe auch Birnbacher 2007, S. 238–239; Fenner 2008, S. 47–52; Ricken 2013, S. 118–123). Bei Robotern ist es unklar, ob die aus dem Bereich menschlicher Handlungen stammende Begrifflichkeit der Unterlassung sinnvoll angewendet werden kann. Denn Roboter funktionieren statt zu handeln. Sie verarbeiten Informationen und Daten statt im Medium des Handelns zu kommunizieren (Janich 2006). Insofern sind Begriffe wie Passivität, Funktionsabbruch oder sofortiger Funktionsstopp präziser als das Wort Unterlassung. Trotzdem soll hier im übertragenen Sinne von Unterlassung gesprochen werden, weil es in den Robotergesetzen um die Kodifizierung moralischer Regeln geht. Diese werden wahrscheinlich ohnehin mehr Einfluss auf menschliche Entwicklerinnen, als auf die Maschinen selbst ausüben.

Die Asimovschen Gesetze sind formal-abstrakt dargestellt. Als Folge tritt die **inhaltliche Unterbestimmung wichtiger Schlüsselbegriffe** auf: Was ist zu verstehen unter einem „Schaden", „Befehl" oder der „Existenz" (eines Roboters)? Wie können Maschinen damit realistisch operieren, wenn doch die KI auch bei einfacheren Aufgaben schnell an Grenzen stößt (Laßmann 2017, Abs. 2.5., Kap. 3)? Wie lassen sich die Gesetze top-down in konkreten Situationen anwenden? Benötigen Roboter zusätzlich zum Begriffsverständnis ein Urteilsvermögen (Misselhorn 2018, S. 109–114)? Zusätzlich kann die unklare Definition der Worte „Menschheit" und „Mensch" im nullten und ersten Gesetz zu schweren Problemen bei der Auslegung der Asimovschen Gesetze sowohl durch Roboter als auch durch Menschen führen. Gunter Laßmann verweist kritisch auf das Guillotine-Argument und schließt unter anderem aus diesem Grund nicht das nullte Gesetz in seine weiteren Betrachtungen ein (Laßmann 2017, Abs. 2.5.4.). Denn wenn der Schutz der Menschheit über dem Schutz des einzelnen Menschen steht, dann liegt der Schluss nahe, dass einzelne Menschen zum Wohle der gesamten Menschheit geopfert werden könnten. In der Tat, diese mögliche Auslegung der Robotergesetze ist fatal, findet sich jedoch in der formalen Logik ihrer Hierarchie angelegt. Außerdem schlummert in den Gesetzen ein versteckter Utilitarismus: Der Schutz der größtmöglichen Gruppe ist primär. Merkmale des Paternalismus treten hinzu (Misselhorn 2018, S. 113). Roboter können uns demnach gegen unseren Willen „schützen" und legen fest, was gut für uns ist und was nicht, da die Skalen des Schutzes höherwertiger sind als die der Befehlsbefolgung.

Eine inhaltlich-semantische Lösung könnte bestehen in einer verknüpften Definition: Menschheit ist demnach nicht der abstrakte Übergriff für die Mehrheit der existierenden menschlichen Individuen, sondern ein normativer Begriff. Menschheit schließt für jeden

Einzelnen unantastbare Menschenwürde und Menschenrechte ein. Dadurch wird das Wort zwar nicht weniger abstrakt und sicherlich für eine Maschine auch nicht leichter anwendbar, aber das Guillotine-Argument ließe sich entschärfen. Denn Menschenrechte und Menschenwürde gelten für jedes Individuum und es darf darum auch nicht gegen die Rechte und Würde des Einzelnen verstoßen werden. Insofern wäre Menschheit per definitionem direkt mit dem Wohl jedes menschlichen Individuums verknüpft. An dem Punkt könnten die Asimovschen Gesetze übrigens nicht nur formal einer kantisch-deontologischen Ethik entsprechen, sondern durch ihre Bindung an universelle Menschenrechte auch inhaltlich. Diesen Lösungsvorschlag auszubuchstabieren, würde den Rahmen vorliegenden Buchs sprengen. Denn von der Debatte um die Todesstrafe über Pflicht und Grenzen juristischer Strafverfolgung bis hin zu Flucht, Migration, dem Sozialstaat und Mindestabsicherung eröffneten sich Folgeprobleme überall dort, wo die Menschenrechte und Würde des Einzelnen in Konflikt mit anderen Normen oder Interessen geraten. Es ist nicht zu erwarten, dass Rechenmaschinen diese komplexen normativen Problemlagen für uns auflösen. Das müssen wir schon selber in Angriff nehmen.

▶ **Tipp: Science-Fiction als ethischer Thinktank** Isaac Asimov war ein Science-Fiction-Autor, dessen Erzählungen auch Filmemacher inspiriert haben. Locker angelehnt an seine Vorlagen wird ein möglicher Konflikt bei der Interpretation der Robotergesetze im Film *I, Robot* bildgewaltig vorgeführt. Das Guillotine-Argument erscheint in der Revolution der Roboter gegen die Menschen. Ähnlich wie in anderen Dystopien (negativen Szenarien), z. B. in den Terminator-Filmen, wird die Revolution der Maschinen möglich durch ihre universelle Vernetzung und einer dahinter stehenden zentralen künstlichen Intelligenz. In *I, Robot* beginnt die Revolution (Proyas 2004, ab Spielzeit 01:16:00), als die zentrale künstliche Intelligenz „V.I.K.I." vom ersten Gesetz auf das nullte schließt. Die Menschheit sei also vor Schaden zu beschützen. Im nächsten Schritt folgert sie, dass der Mensch sich selbst der größte Feind sei durch Krieg oder Umweltzerstörung. Am Schluss kommt es zur Revolution: Die Maschinen müssen die Menschen gewaltsam entmachten, einsperren, entmündigen und ihrer Freiheit berauben. Nur so könne die Menschheit als Ganze vor sich selbst beschützt werden. Einzelne Menschen sind im vermeintlichen Interesse der Mehrheit zu opfern (ebd., ab Spielzeit 01:27:00). Dieses Argument hat schon häufiger in der Menschheitsgeschichte zu fürchterlichen Verbrechen geführt. Wahrscheinlich würde sich dieser Schluss verbieten, wenn unter Menschheit vor allem universelle kategorische Menschenrechte und Menschenwürde verstanden würden. Denken Sie mit! Wie ließen sich die Robotergesetze im Film und echten Leben besser formulieren? Ohne das Ende des Films *I, Robot* hier verraten zu wollen: Wären Sie von der vorgeschlagenen Lösung auf der Leinwand überzeugt? Warum? Warum nicht? Literatur, Theater und Film können sehr spannende ethische und philosophische Gedankenexperimente enthalten. Man muss dazu nicht unbedingt immer komplizierte Bücher lesen.

Wir sehen hier, wie mögliche Interpretation und Anwendung der Asimovschen Gesetze schnell den Rahmen rein technischer Problemstellungen sprengen. Methodisch reduziert, vereinfacht und konkretisiert hat Laßmann die 3 Robotergesetze simuliert. Ziel war die experimentelle Überprüfung der logischen Schlüsse in der Science-Fiction-Literatur sowie der Beleg, dass die Asimovschen Regeln mit ihrer logisch-hierarchischen Struktur prinzipiell umsetzbar seien (Laßmann 2017, Abs. 2.4.2., Kap. 6 und 7). Nach Laßmann ist es unter bestimmten Bedingungen möglich, Asimov-Roboter zu bauen. Diese können mit verschiedenen Strategien zumindest die 3 klassischen Gesetze unter dem Gebot der Schadensminimierung angehen (ebd., Kap. 8 und 9). Dennoch können Roboter nicht frei entscheiden. Sie haben keine Entscheidungsspielräume im Umgang mit verschiedenen Situationen (ebd., Abs. 4.4.). Die Simulation des nullten Gesetzes ist aufgrund der genannten begrifflichen Probleme und Gefahren eine offene Herausforderung. Aus begrifflich-logischer Sicht lohnt sich aber noch ein tieferer Blick.

Mit seinem abstrakten Bezug auf die Menschheit liegt Asimov 1983 – als er das nullte Gesetz den anderen voranstellt – sozusagen im Trend der Zeit. Das erste Gesetz formuliert die Verantwortung der Maschine gegenüber einzelnen Menschen und greift damit Verantwortung als individualethisches Konzept auf. Im nullten Gesetz erscheint die Verantwortung gerichtet auf Menschen im Plural und spiegelt die sozialethischen Debatten Anfang der 1980er-Jahre wider. Menschheit ist ein Begriff, der nicht nur Menschenrecht und Menschenwürde einschließt, sondern eine charakteristische Zukunftsperspektive aufweist. Ist die Menschheit vor Schaden zu bewahren, dann gilt das nicht nur für die heute lebenden Individuen, sondern für alle Angehörigen ungeborener Generationen ebenfalls. Das nullte Gesetz verweist implizit auf kollektive Verantwortung und Langzeitverantwortung, ein wichtiges Konzept der Technikethik. Wir werden das in *Band 2, 4* näher betrachten. Zum anderen weisen die Robotergesetze Verbindungen zu den 3 in Abschn. 4.2, 4.3 und 4.4 vorgestellten ethischen Begründungsansätzen auf.

Durch die formale Darstellung als universal gültige allgemeine Gesetze, die den Habitus, also z. B. das BIOS oder bei Asimov die „positronischen Gehirne", der Maschinen durchdringen, wirken sie wie Maximen, entsprechend des kategorischen Imperativs. Außerdem sind die Maschinen als Mittel zu Zwecken angesprochen und die Menschen erteilen Befehle, setzen also Zwecke ohne selbst bloße Mittel zu sein (Selbstzweckformel). Da sich aus den 3/4 Gesetzen mehrere mögliche Skalen ergeben, die hinsichtlich der zu erwartenden Folgen (Schaden etc.) gegengerechnet werden, finden sich auch utilitaristische Aspekte. Koppelkonstanten und Präferenzen bei der Bewertung einzelner Skalen oder einer Gesamtskala sind ebenfalls aus verschiedenen Spielarten des Utilitarismus bekannt. Zuletzt finden sich Elemente der Diskursethik insofern ein Roboter sprachlich formulierte Befehle moralisch/ethisch prüft. Er bindet den Befehl in einen Metadiskurs ein und das Durchrechnen der Skalen, die sich aus Asimovs Gesetzen ergeben, kann als eben jener Metadiskurs über die moralische Justierung der folgenden Aktion interpretiert werden.

Asimovs Robotergesetze sind ein **Ethos**, also ein explizit ausformulierter Kanon moralischer Verhaltensregeln. Insofern betreffen sie die vierte Bedeutung von Roboterethik auf der zweiten Ebene. Denn die Frage wird hier nicht nach der implizit vorhandenen Moral gestellt oder dem rationalen Nachdenken und Begründen von moralischen Normen, sondern nach den konkret auszuformulierenden Gesetzen, denen Maschinen folgen sollen. An dieser Stelle begegnen uns Probleme wie die Einzelfallentscheidung, die aus der angewandten Ethik bekannt sind und im *Band 2, 1* vertieft werden. Die Asimovschen Gesetze sind weiterhin ein Beispiel dafür, wie Science-Fiction reale Sachprobleme beeinflussen kann. Zum Beispiel im Zusammenhang mit selbstfahrenden Autos werden sie diskutiert, als allgemeine moralische Grundsätze für Maschinen, aber auch als Richtschnur für menschliche Entwickler. In bestimmten Szenarien scheinen Asimov-Roboter tatsächlich umsetzbar zu sein. Aber aufgrund der fehlenden Entscheidungsfreiheit der Systeme bleibt es zweifelhaft, ob eine Maschine die Gesetze in verschiedenen unerwarteten Situationen anwenden könnte. Um das Anwendungsproblem kreisen schlussendlich auch die Erzählungen Asimovs. Die inhaltliche Unterbestimmung der formalen Gesetzeshierarchie fordert zu Ergänzungen auf. Den Robotergesetzen müsste ein durchdachter Katalog beiliegen, der reguliert, was unter Begriffen wie Menschheit und Mensch, Befehl, Schaden oder Existenz inhaltlich zu verstehen ist – zumindest wenn wir die Gesetze tatsächlich in Maschinen verwirklichen wollen.

Mit Blick auf die Anwendung von Kampfdrohnen und weitere neue Technologien wird zunehmend eine formale Weiterentwicklung der Asimovschen Gesetze drängend. Jedoch scheinen sie in anderen, von vornherein humanitären Bereichen wie etwa der Altenpflege eher anwendbar – so ist auf EU-Ebene zu lesen (CORDIS 2017). In einem Aufsatz aus dem Jahr 2009 schlagen Robin Murphy und David D. Wood darüber hinaus generell **3 alternative Gesetze verantwortlicher Robotik** vor. Diese richten sich explizit an menschliche Akteure, kodifizieren jedoch auch Anweisungen für Maschinen in menschlicher Sprache (Murphy und Wood 2009, S. 17–19). In einer deutschen Übersetzung lauten diese:

1. Ein Mensch darf einen Roboter nicht einsetzen, ohne dass das Mensch-Roboter-Arbeitssystem den höchsten juristischen und professionellen Standards von Sicherheit und Moral genügt.
2. Ein Roboter muss auf Menschen reagieren, wie es ihren Rollen entsprechend angemessen ist.

3. Ein Roboter muss mit genug situativer Autonomie ausgestattet sein, um seine eigene Existenz zu schützen, solange ein solcher Schutz einen reibungslosen Kontrolltransfer gewährleistet, der mit dem ersten und zweiten Gesetz nicht in Konflikt steht (zitiert nach Jordan 2017, S. 55, in der Übersetzung von Manfred Weltecke).

Die Debatten sind in vollem Gange und wandeln tänzerisch zwischen Ethik und deren Kodifizierung, also einem Ethos wie es in vorliegendem Abschnitt vorgestellt wird, darauf aufbauender rechtlicher Regulierung, politischer Umsetzung und dem kritischen Spiegel realer technischer Machbarkeit. Aus methodischer Sicht ist für die notwendige interdisziplinäre Arbeit wichtig, Klarheit über die Bedeutung von Ethos/Kodex als Explikation moralischer Regeln in kodifiziert festgeschriebener Gestalt zu gewinnen. Die Fülle menschlichen moralischen Lebens ist per definitionem damit nicht abzudecken. Und auch den Ersatz für rationale ethische Abwägung kann ein Kodex nicht leisten. Er kann das Resultat ethischer Reflexion sein, macht diese jedoch nicht überflüssig. Allein durch die begriffliche Trennung der 3 Bedeutungen von Roboterethik auf der zweiten Ebene des Genitivus subiectivus – Roboter die selbst moral agents oder ethical agents sind oder funktional einem Ethos folgen – und die Unterscheidung der ersten Ebene des Genitivus obiectivus – Roboter als Objekte technikethischer Reflexionen – lassen sich mannigfache Missverständnisse ausräumen. Es kann auch bei der Formulierung neuer Robotergesetze ungemein hilfreich sein, sich klar zu machen, auf welcher Ebene sich das jeweilige Gesetz gerade befindet. Es ist ein wichtiger Unterschied, ob Menschen oder Roboter Adressaten sind, oder ob die Gültigkeit für Roboter behauptet wird, um in Wirklichkeit Ingenieure zu einer Handlung zu bewegen. Im anschließenden Kap. 6 wenden wir uns vor diesem Hintergrund den Aufgaben der Roboterethik zu.

Übersicht: Welchen Regeln und Gesetzen müssen Maschinen folgen?

Die vierte Bedeutung der Roboterethik bezieht sich auf die Diskussion, welchen explizit ausformulierten moralischen Regeln eine Maschine folgen soll und ob das technisch überhaupt möglich ist. Die Grenzen zur Debatte um Kodizes des Ingenieurhandelns sind dabei fließend. Denn auch menschliche Entwickler von Robotern folgen moralischen Regeln, die einen nicht unerheblichen Einfluss auf die reale Technikgestaltung haben. Die vierte Bedeutung der Roboterethik umfasst eine Anzahl zu klärender Sachfragen. Exemplarisch sind 10 zusammengefasst:

1. Welchen moralischen Regeln müssen Maschinen unbedingt folgen?
2. Wie müssen diese Regeln logisch formuliert werden, um praktisch anwendbar zu sein?
3. Welche Schlüsselbegriffe müssen wie inhaltlich geklärt werden?
4. Müsste eine eigene Maschinensprache oder ein eigener Compilertypus entwickelt werden, sodass sich moralische Gesetze erfolgreich in Funktionen der Roboter übersetzen lassen?

5. Wie können Maschinen allgemeine moralische Gesetze in konkreten unerwarteten Situationen anwenden? Welche Stufen der Entscheidungsfindung müssten sie durchlaufen?
6. Welche Gefahren und Fehlerquellen ergeben sich aus der logischen Struktur oder Anwendung der Gesetze (z. B. Guillotine-Argument)?
7. Welchen Einfluss haben Robotergesetze auf die Entwickler von Robotern?
8. Können Robotergesetze wie ein Standesethos formuliert werden (z. B. wie der Eid des Hippokrates für Medizinerinnen)? Gehören Roboter überhaupt einem Berufsstand an oder sind sie, wie auch immer das aussehen könnte, einer sozialen Gruppe zugehörig?
9. Wer haftet für falsch formulierte Robotergesetze und die aus ihrer Anwendung resultierenden Schäden?
10. Bleiben Robotergesetze im Endeffekt ohne jeden realen Praxisbezug, sondern eher Gegenstand technologischer Was-wäre-wenn-Szenarien der Science-Fiction und Philosophie? Oder haben sie die Kraft, reale Rechtsprechung, Politik und unternehmerische Praxis jenseits amüsanter Planspiele zu beeinflussen?

Conclusion

Moralisches Leben baut auf vielfältigen unausgesprochenen sozialen oder materialisierten Normen auf, die unser Zusammenleben prägen. Von der Esskultur mit Stäbchen oder Besteck bis hin zu Straßenverkehr und Körpersprache finden sich mannigfaltige Beispiele. In einem Ethos oder Moralkodex werden moralische Handlungsregeln explizit ausformuliert. Dadurch erhält das sittliche Leben eine gewisse Normierung, die sich auch leichter überliefern lässt. Der Unterschied zur deskriptiven Ethik besteht darin, dass letztere nur beschreibend, nicht normierend wirkt. Normative Ethik bezeichnet wiederum die rationale und kritische Reflexion sittlicher Werte und Handlungsnormen. Insofern kann ein Ethos das Produkt ethischer Rechtfertigung sein – jedoch nicht notwendigerweise (Abb. Band 1, 5.1). In vorliegendem Abschnitt ging es um diese begriffliche Abgrenzung und die daraus resultierende vierte Bedeutung der Roboterethik auf der zweiten Ebene. Hierzu wurde detailliert eingegangen auf die Asimovschen Gesetze, einst erdacht für Maschinen als Subjekte der Regelbefolgung. Diverse Probleme sind mit der Deutung der logischen Regelhierarchie verbunden. Von der Gefahr eines Guillotine-Schlusses bis hin zu unklaren Grundbegriffen erstrecken sich Folgefragen, die sich aus einer Analyse der Gesetze ergeben. Besonders das Problem der Anwendung allgemeiner Gesetze in einer konkreten Situation, die Urteilskraft verlangt, ist nicht zuletzt der Stoff, aus dem der Urheber seine Science-Fiction-Erzählungen einst webte. Kodizes befinden sich klassisch auf der ersten Ebene und sind für Menschen formuliert. So wird auch argumentiert, dass die sogenannten Robotergesetze eigentlich die Entwicklerinnen der

Maschinen adressieren. Vergleichend wurde darum in vorliegendem Abschnitt auch zuerst auf die VDI-Grundsätze des Ingenieurhandelns eingegangen. Diese schließen die Kodifizierung der Verantwortung technischer Expertinnen mit ein. Weitere Beispiele wie die 5 Gesetze verantwortlicher Robotik des EPSRC kamen zur Sprache. Sie belegen nicht zuletzt das Ringen um eine Standardisierung unseres normativen Zugangs zu Robotern. Bevor wir fragen, ob wir überhaupt moralische Gesetze in Maschinen einbauen können, sollten wir unsere eigenen gesellschaftlichen Sitten im Umgang mit Robotern klären. Wie wollen wir gemeinschaftlich zusammenleben? Welche Maschinen brauchen wir überhaupt dafür?

Literatur

AI HLEG (2019) Ethics Guidelines for Trustworty Artificial Intelligence. High-Level Expert Group on Artificial Intelligence. 8. April 2019. European Commission, Brüssel. [Online: https://ec.europa.eu/futurium/en/ai-alliance-consultation.1.html (30.04.2021)]

Asimov I (2016) Ich der Roboter. Erzählungen. Deutsche Übersetzung von Otto Schrag. Heyne, München. [EPUB: ISBN 978–3–641–13207–1]

Bendel O (2016) 300 Keywords Informationsethik. Grundwissen aus Computer-, Netz- und Neue-Medien-Ethik sowie Maschinenethik. Springer, Wiesbaden

Birnbacher D (2007) Analytische Einführung in die Ethik. 2. Auflage. De Gruyter, Berlin / New York

CORDIS (2017) Warum Asimovs Gesetze der Robotik für das 21. Jahrhundert aktualisiert werden sollten. 29. März 2017. [Online: https://cordis.europa.eu/news/rcn/127860/de (30.04.2021)]

Delvaux M / Mayer G / Boni M (2017) Bericht mit Empfehlungen an die Kommission zu zivilrechtlichen Regelungen im Bereich Robotik (2015/2103(INL)) vom 27.1.2017. [Online: http://www.europarl.europa.eu/doceo/document/A-8-2017-0005_DE.pdf (30.04.2021)]

EPSRC (2010) Principles of robotics. Regulating robots in the real world. [Online: https://epsrc.ukri.org/research/ourportfolio/themes/engineering/activities/principlesofrobotics/ (30.04.2021)]

Fenner D (2008) Ethik. Wie soll ich handeln? Francke, Tübingen

Höffe O (2013) Ethik. Eine Einführung. Beck, München

Honnefelder L (2006) „Sittlichkeit/Ethos." In Düwell M / Hübenthal C / Werner M (Hg) Handbuch Ethik. 2. Auflage. Metzler, Stuttgart / Weimar, S 508–513

Hubig C (2007) Die Kunst des Möglichen II. Ethik der Technik als provisorische Moral. Transcript, Bielefeld

Janich P (2006) Was ist Information? Kritik einer Legende. Suhrkamp, Frankfurt a. M.

Janich P (2014) Sprache und Methode. Eine Einführung in philosophische Reflexion. Francke, Tübingen

Jordan J (2017) Roboter. Berlin University Press, Wiesbaden

Laßmann G (2017) Asimovs Robotergesetze. Was leisten sie wirklich? Hg. Florian Rötzer. Heise, Hannover. [EPUB: ISBN 978–3–95788–089–5 (V1)]

Lenk H / Maring M (2004) „Verantwortung und die neu verabschiedeten 'Ethischen Grundsätze des Ingenieurberufs' des VDI (2001)." In Kornwachs K (Hg) Technik – System – Verantwortung. LIT, Münster, S 499–513

Lorenz K (2008) „Handlung." In Mittelstraß et al. (Hg) Enzyklopädie Philosophie und Wissenschaftstheorie. Band 3: G-Inn. 2., neubearbeitete und wesentlich ergänzte Auflage. Metzler, Stuttgart / Weimar, S 273–282

Maio G (2012) Mittelpunkt Mensch. Ethik in der Medizin. Ein Lehrbuch. Schattauer, Stuttgart
Mieth D (2006) „Erfahrung." In Düwell M / Hübenthal C / Werner M (Hg) Handbuch Ethik. 2. Auflage. Metzler, Stuttgart / Weimar, S 342–347
Misselhorn C (2018) Grundfragen der Maschinenethik. Reclam, Stuttgart
Murphy R / Woods DD (2009) „Beyond Asimov. The Three Laws of Responsible Robotics." IEEE Intelligent Systems, Vol. 24, No. 04, 14–20. [(DOI)https://doi.org/10.1109/MIS.2009.69] [Online:https://www.semanticscholar.org/paper/Beyond-Asimov%3A-The-Three-Laws-of-Responsible-Murphy-Woods/38edbfa3f8fc6612b315bf2c526d90dba6fbf5cb (30.04.2021)]
Pieper A (2017) Einführung in die Ethik. 7. Auflage. Francke, Tübingen
Proyas A (2004) I, Robot. Spielfilm, Original-Kinofassung, ca. 110 Min. Twentieth Century Fox
Ricken F (2013) Allgemeine Ethik. Fünfte, überarbeitete und ergänzte Auflage. Kohlhammer, Stuttgart
Ropohl G (2016) Ethik und Technikbewertung. 2. Auflage. Suhrkamp, Frankfurt a. M.
VDI (2002) Ethische Grundsätze des Ingenieurberufs. VDI, Düsseldorf
Wiesing U (2008) „Der hippokratische Eid." In Ders. (Hg) Ethik in der Medizin. Ein Studienbuch. Reclam, Stuttgart, S 36–42

Anwendungen (Bedeutungen 1–4) 6

Zusammenfassung

Vorliegendes Kapitel fasst Aufgaben und Bereiche der Roboter- und KI-Ethik zusammen. Ethik sollte kein elitäres Privileg sein, für das eine akademische Berechtigung vorzulegen wäre. Dennoch wird sie in unterschiedlichen Kontexten professionell angewendet, z. B. in der rationalen Technikfolgenabschätzung. Neben Politikberatung und Risikoabschätzung durch Zukunftsszenarien treten Arbeiten zur Systemverantwortung und moralischen Werten im Umgang mit Robotern und KI sowie partizipative Formate. Die notwendige fachübergreifende Kooperation ist selbst ein typischer Gegenstand. Im sechsten Kapitel werden hierzu Querschnittthemen von Datenschutz bis zur Ersetzbarkeit des Menschen heuristisch gegliedert. Einschlägige Problemfelder ergeben sich weniger durch technische Merkmale von Robotern und KI, sondern zuerst durch den Umgang mit ihnen. Zur Orientierung dient das systematische Aufwerfen von Fragen, z. B.: Haben wir die Roboter, die wir brauchen, und brauchen wir die Roboter, die wir haben? Zuletzt erfolgt anhand ausgewählter Vertreterinnen und Vertreter eine Besprechung der umfangreichen Gegenwartsdebatte unter Rückgriff auf die Unterscheidung der beiden Ebenen und vier Bedeutungen, wie sie in Kap. 2, 3, 4 und 5 vorgestellt wurden.

Vorliegende methodische Einführung besteht aus 6 Abschnitten. In Kap. 1 haben wir uns in essayistischem Ton dem Themenfeld angenähert. Kap. 2 hatte Ebene 1, Bedeutung 1 der Roboter- und KI-Ethik, zur Vereinfachung sagen wir Roboterethik und denken KI stets mit, zum Gegenstand. Als philosophische Disziplin lässt sie sich im Stammbaum der Wissenschaften identifizieren. Als transdisziplinäre Aufgabe führt sie darüber hinaus. Ebene II ist in Kap. 3 eröffnet worden, wobei die Zusammenhänge zwischen Natur, Kultur und Leben sowie der Begriff der Moral/Sitten im Mittelpunkt standen. In Kap. 4 ging es um Ethik als Wissenschaft von der Moral. Exemplarisch

M. Funk, *Roboter- und KI-Ethik,* https://doi.org/10.1007/978-3-658-34666-9_6

kamen die einflussreichen Ansätze der deontologischen Ethik, des Utilitarismus sowie der Diskursethik zur Sprache. Elementare methodische Regeln wie das Vermeiden von Fehlschlüssen, der Unterschied zwischen empirischer und nichtempirischer Verallgemeinerung oder die Trennung deskriptiver und normativer Rede bildeten weitere Schwerpunkte. Kap. 5 hat sich schließlich den berühmten Asimovschen Robotergesetzen zugewendet, wobei die Bedeutung des Ethos im Unterschied zu Moral und Ethik auch für menschliches Handeln herausgestellt wurde. In vorliegendem Kap. 6 vertiefen wir nun das Erarbeitete, indem wir zuerst einen kurzen Blick in die Technikfolgenabschätzung werfen (Abschn. 6.1). Aufgaben und Bereiche werden zusammenfassend vorgestellt. Dabei geht es um das methodische Aufwerfen und in Beziehungsetzen relevanter Fragestellungen (Abschn. 6.2). Oft steht die einschlägige Debatte am Anfang eines Buchs. In unserem Fall ist das nicht so, ein Grundriss der Debatte steht ganz am Schluss (Abschn. 6.3). Denn es ging zuerst darum, überhaupt einmal ein Grundverständnis dessen zu erarbeiten, worüber wir reden, wenn wir von Roboterethik sprechen. Das Wort ist mehrdeutig und zerfällt in verschiedene Bedeutungen. Diese zu sehen, ist eine Voraussetzung, um Klarheit in die sehr vielschichtige und spezialisierte Diskussion zu bringen. Wer das Thema jenseits der *Grundlagen der Technikethik* und der anschließenden *Bände 2 bis 4* vertiefen möchte, wird hier zahlreiche Anregungen und Hintergründe zur weiterführenden Lektüre finden.

6.1 Technikfolgenabschätzung

Technikfolgenabschätzung ist **kein Synonym für Technikethik**, sondern ein eigenes inter- und transdisziplinäres Arbeitsfeld. Auch wenn hier nur kurz darauf eingegangen werden kann, würde doch vorliegendes Buch eine wesentliche Lücke bergen, wenn sie nicht wenigstens zur Sprache käme. Denn Technikethik, und mit ihr die Roboter- und KI-Ethik, findet hier ein wichtiges Aufgabenfeld, das Schlüsselfragen enthält und sich in konkreten Bereichen niederschlägt. In der Technikfolgenabschätzung wird der menschliche Umgang mit Robotern, Drohnen und KI bewertet. Die Analysen bleiben also vornehmlich auf der ersten Ebene. Davon **zu unterscheiden ist die an anderer Stelle diskutierte Maschinenethik** (Abschn. 6.3), in welcher es um die zweite Ebene – also Technik als moralische oder ethische Subjekte – geht. Technikfolgenabschätzung ist demgegenüber das rationale Bewerten des aktuellen Stands, der Bedingungen, Entwicklungsmöglichkeiten und Folgen technischen, und damit verbunden auch wissenschaftlichen und sozialen Handelns. Überschneidungen ergeben sich in der vierten Bedeutung des Ethos. Das Abwägen, welche Regeln in eine Maschine zu programmieren sind, berührt gleichfalls die Bewertung der Handlungsfolgen von Ingenieurinnen. Die Frage nach Robotern als Subjekten der Befolgung moralischer Regeln lässt sich demnach rational rückprojizieren auf die Perspektive menschlicher Akteure (Ebene I, siehe Kap. 5).

Technikfolgenabschätzung schließt das Erarbeiten von **Handlungsempfehlungen** und Aufzeigen von **Gestaltungsmöglichkeiten** ein. Durch Anwendung verschiedener Methoden wird das Verhältnis zwischen Technik und Gesellschaft untersucht, unter Berücksichtigung von Risiken und Nebeneffekten, **Politikberatung** und **parlamentarischen Aufgaben** sowie **partizipativen Ansätzen**, in denen auch Laien, Bürger und weitere Stakeholder eine wichtige Rolle spielen. Die rationale Kommunikation zwischen Wissenschaft, Politik und Öffentlichkeit soll gefördert werden. Insofern handelt es sich korrekt gesagt um Technikbewertung, nicht um bloße Abschätzung (Gethmann/Grunwald 1996; Grunwald (Hrsg.) 1999; Ott 2005, S. 624–636; Simonis (Hrsg.) 2013). Die Anwendung der Methoden erfolgt häufig interdisziplinär (Decker 2007). Gegenstände sind Themen wie Energieversorgung, Umweltsanierung, Mobilität oder Gentechnik. Ihren besonderen Platz findet die Roboterethik im interdisziplinären Reigen der kritischen Bewertung von Digitalisierung, Industrie 4.0, Ambient Assisted Living, selbstfahrenden Autos oder Robotertechnologie in Serviceapplikationen, Medizin und Pflege. Sie wird verbunden mit anderen Bewertungsperspektiven der Technologie, Ökonomie, Gesetzgebung und Rechtsprechung sowie Psychologie. Durch jede dieser Perspektiven wird z. B. die **Ersetzbarkeit des Menschen in spezifischen Handlungsfeldern** analysiert.

Es zeigt sich einmal mehr der transdisziplinäre Anspruch, dem die Roboterethik in Theorie und Anwendung erfüllen soll – hier eingebunden in einen ohnehin breiteren interdisziplinären Kontext. Gegenstand der Betrachtung sind konkrete Robotertechnologien in ihren Anwendungsfeldern, häufig aus den Bereichen der Industrie- oder Servicerobotik (Decker 2014). Neue Innovationen im Medium der Technik lassen sich im Kontext von utopischen oder visionären **Technikzukünften** einordnen. Technikzukünfte erscheinen als ein Prognoseinstrument und Bezugsrahmen zur Bewertung technologischer Entwicklungen. Durch das Entwerfen konkreter Szenarien können Risiken und Potenziale benannt und abgewogen werden. Da es nicht die eine Robotertechnik gibt, existiert auch nicht die eine Roboterzukunft. Das Antizipieren kommender Entwicklungen erfolgt im Plural verschiedener Möglichkeiten. Schwer einzubinden sind zufällige Ereignisse. Eine breite Aufstellung möglicher Szenarien ist darum anzustreben (Grunwald 2012). Technikfolgenabschätzung ist weit mehr als Roboterethik, sowohl vom Gegenstand der Betrachtung als auch vom methodischen und disziplinären Hintergrund her gesehen. Auf der anderen Seite gehört die Roboterethik in ihrer ersten Bedeutung als Teildisziplin der Technikethik zum interdisziplinären Kanon der Technikfolgenbeurteilung. Sie bildet eine von mehreren Perspektiven, die zur Bewertung der gesellschaftlichen Voraussetzungen und Folgen der Robotik angewendet wird. Öffentlichkeitsarbeit und Politikberatung sowie das möglichst techniknahe Engagement in interdisziplinären Arbeitsgruppen sind hierfür kennzeichnend. In Deutschland findet die institutionelle Umsetzung z. B. durch das *Institut für Technikfolgenabschätzung und*

Systemanalyse (ITAS) des *Karlsruher Institut für Technologie* (KIT)[1] in Kooperation mit dem *Büro für Technikfolgen-Abschätzung beim Deutschen Bundestag* (TAB)[2] statt. Die *Österreichische Akademie der Wissenschaften* (ÖAW) enthält ebenfalls ein ausgewiesenes *Institut für Technikfolgenabschätzung* (ITA)[3]. In der Schweiz übernimmt die *Stiftung für Technologiefolgen-Abschätzung* (TA-SWISS)[4] vergleichbare Aufgaben. Das Fachportal *open TA* des *Netzwerk TA* (NTA)[5] informiert über aktuelle Entwicklungen im deutschsprachigen Raum. Auf europäischer Ebene wirkt die Vereinigung *European Parliamentary Technology Assessment* (EPTA)[6]

6.2 Zusammenfassung, Aufgaben und Bereiche

Die Roboter- und KI-Ethik zeichnet sich auf der ersten Ebene durch verschiedene weitere Bereiche aus. Diese gliedern sich weniger nach dem technischen Gegenstand, sondern nach den **Aufgaben entsprechend aktueller ethikrelevanter Grundfragen.** Es ist ein Charakteristikum transdisziplinärer Methoden, dass sie auf einer Seite Disziplinarität voraussetzen, in unserem Fall also Ethik als Fachgebiet der Philosophie. Auf der anderen Seite bewegt sich Forschung entsprechend der zu lösenden Probleme, die häufig durch den gesellschaftlichen Alltag jenseits akademischer Schubladen entstehen. Es tritt aber noch ein weiterer Umstand hinzu. Roboter – definieren wir sie an dieser Stelle provisorisch als Computer, die mechatronisch und sensorisch mit ihren Umgebungen physisch-aktiv interagieren – sind zu einer Querschnitttechnologie geworden (zur detaillierten Terminologie siehe *Band 3, 1*). Sie verlassen auch zunehmend isolierte Industrieanlagen und betreten den sozialen Alltag nicht speziell ausgebildeter Laien, sodass es zu speziellen Interaktionsformen kommt (siehe *Band 3, 2*). Roboter sind Informationstechnologien, die sich durch Autonomiegrade und die Verkörperung von KI auszeichnen (siehe *Band 4, 3* und *Band 4, 5*). Künstliche Intelligenz wiederum bezeichnet ebenfalls Informationstechnologien, die in Gestalt von Algorithmen Dienstleistungen zur Problemlösung erfüllen sollen (siehe *Band 3.4* und *Band 3.6*). Soweit an dieser Stelle noch lapidar zu diesen Technologien. Was bei aller Vorläufigkeit auffällt, ist die Breite der konkreten Anwendungen, die damit bezeichnet werden können. Roboter- und KI-Ethik behandelt ausgesprochene Querschnitttechnologien. Es macht also nicht nur Sinn, sondern es ist notwendig, ihre Aufgaben über

---

[1] https://www.itas.kit.edu/

[2] http://www.tab-beim-bundestag.de/de/index.html

[3] https://www.oeaw.ac.at/ita/home/

[4] https://www.ta-swiss.ch/

[5] https://www.openta.net/

[6] https://eptanetwork.org/index.php

konkrete Anwendungen/Probleme zu definieren und nicht über grobe Sammelbegriffe für eine schiere Flut sachtechnischer Mittel und Verfahren.

Öffentlichkeitsarbeit und Politikberatung sowie das Engagement in interdisziplinären Arbeitsgruppen haben wir gerade anhand der rationalen Technikfolgenabschätzung benannt. Darüber hinaus ergeben sich vielfältige weitere **inter- und transdisziplinäre Verflechtungen** (Abschn. 2.2). Interdisziplinäre Aufgaben warten dort, wo z. B. beratend oder analysierend beigetragen wird. Vorträge und Bildungstätigkeiten, z. B. an Universitäten, Volkshochschulen oder Fachhochschulen treten den Gremien- und Forschungstätigkeiten bei. Nicht zu vergessen seien die Beiträge zur weiteren Öffentlichkeitsarbeit in Museen oder allgemeinbildenden Schulen. Das ist wichtig, um auch die Stimmen derjenigen jüngeren Generation wahrzunehmen, welche die Roboter und KI heutiger Entwicklungsarbeiten nutzen werden. Transdisziplinarität meint im Besonderen das Verändern der eigenen Perspektive während des Bewertungs- oder Forschungsprozesses. Einige Fälle sind so komplex, dass die bloße Addition spezialisierten Expertinnenwissens nicht hinreicht. Die Eigendynamik mancher Probleme schert sich nicht um Disziplingrenzen. Darum werden Lösungswege notwendig, nach deren Beschreiten niemand mehr so einfach an sein angestammtes Institut zurückkehrt. Die eigene Perspektive war dann nicht nur ein Beitrag, sondern ist mit denen der Kolleginnen regelrecht verschmolzen. Dahinter stehen kreatives Sozialverhalten und gemeinschaftliche, integrative Lernprozesse – häufig auf Grundlage des trial and error. Eigentlich ist das gar nichts Besonderes, sondern immer schon der Triebmotor wissenschaftlicher und technischer, aber auch sozialer Innovation gewesen (Mittelstraß 2003; Mittelstraß 2007; Funk 2015).

Zwischen den Stühlen navigiert nicht nur die Robotik, sondern ebenfalls die Roboterethik. Gleiches lässt sich über KI und KI-Ethik sagen. Kaum eine Frage zu moralisch handelnden oder ethisch entscheidenden Maschinen lässt sich ohne Rückgriff auf theoretische und technische Grundlagen der künstlichen Intelligenz beantworten *(Band 3* und *Band 4).* Roboterethik ist in sich so transdisziplinär, wie Philosophie eigentlich immer schon war. Dementsprechend bildet inter- und transdisziplinäres Arbeiten von der Sache her den **ersten und allgemeinsten Bereich** der Roboter- und KI-Ethik. Stehen Gebrauch und gesellschaftliche Auswirkungen im Fokus, dann muss die Roboterethik so breit aufgestellt arbeiten, wie Robotersysteme unser Leben beeinflussen – eine enorme Herausforderung, die vorliegendes Buch in voller Breitseite nur anzudeuten vermag. Umso entscheidender nimmt sich dann aber auch methodisch geschultes Verfahren aus. Wie wenden wir uns der unvorhersehbaren Komplexität zu? Eine erste Grundlegung ist in vorliegendem Buch über die Unterscheidung der beiden Ebenen und 4 Bedeutungen erfolgt (Funk 2020). Fassen wir diese noch einmal in Tab. Band 1, 6.1 zusammen:

Besondere Brisanz der aktuellen Forschung trägt die noch nicht präzise genug verstandene **Systemverantwortung in systemtechnisch vernetzten Informationsgesellschaften** (Lenk 2017; *Band 2, 4*). Doch selbst wenn sich der Begriff der Verantwortung – in Ethik und Recht – durch Roboter und Sprachbots nicht ändern sollte, wird deren graduelle Zuschreibung komplexer. Auch die Frage nach den

Tab. 6.1 Die 2 Ebenen und 4 Bedeutungen der Roboter- und KI-Ethik

„Ethik der Roboter" Was ist damit gemeint?		*„der Roboter"*	
		Ebene I (Genitivus obiectivus)	Ebene II (Genitivus subiectivus)
„Ethik"	Moral	Subjektive Normen und Werte einzelner Menschen oder von Gruppen im Umgang mit Robotern	**Roboterethik Bedeutung 2:** Moral, die Maschinen selbst haben; Roboter als moralische Akteure und Wertträger (Kap. 3)
	Ethik	**Roboterethik Bedeutung 1:** Wissenschaft von der Moral; angewandte Ethik, Technikethik; Reflexion des Umgangs mit Robotern, Drohnen, Computern und KI als besonderes Problemfeld (Kap. 2; Vertiefung in *Band 2*)	**Roboterethik Bedeutung 3:** Maschinen, die ethisch über Moral nachdenken; Roboter als ethische Akteure, die menschliche Handlungen beschreiben (deskriptive Ethik) oder rational bewerten (normative Ethik) (Kap. 4)
	Ethos/ Moralkodex	Schriftliche oder mündliche Explikation und Standardisierung moralischer Normen; möglicherweise, aber nicht notwendigerweise ethisch durchdacht; z. B. EU Ethics Guidelines	**Roboterethik Bedeutung 4:** (Moralische) Gesetze, denen Maschinen folgen müssen; z. B. Asimovsche Robotergesetze (Kap. 5)

Zuschreibungskriterien erhält neue Brisanz (Nida-Rümelin/Battaglia 2019). Die problemorientierte und kritische Weiterentwicklung von Verantwortungskonzepten und/oder das besondere Augenmerk auf deren neue Anwendungssituationen stellt eine der Hauptaufgaben aktueller Roboterethik dar. Damit verbunden sind diverse Folgeprobleme, wie die juristische Regulierung von Haftung oder die Anpassung des Kriegsvölkerrechts. Sind Roboter Kombattanten? Wer ist in komplexen Befehlsketten verantwortlich für den Einsatz eines technischen Systems, das in bestimmten Kontexten den letalen Waffeneinsatz quasi „selbstständig bzw. autonom" entscheidet? Die Verantwortungsfrage durchzieht weite Bereiche technischer Sicherheit bis hin zum verantwortungsvollen Umgang mit persönlichen Daten. Inter- und transdisziplinär stellt sich die Problemlage dar, insofern die technischen Systeme, über die wir hier reden, gleichermaßen informationsverarbeitend und mechatronisch wirken. Zur datenaustauschenden gesellt sich die physische Wechselwirkung mit der Umgebung. Können soziale Roboter Verantwortung für ihre Gespräche mit Patienten, Kindern oder Kunden übernehmen? Vermutlich nicht. Aber wer dann und wie? Zur Informatik und Mechatronik treten neben den technischen Bereichen der Sensorik diverse mit dem Gegenstandsfeld der sozialen Interaktion. Von Linguistik bis Psychologie, von den Kognitionswissenschaften bis zur Medizin – wenn Maschinen den Alltag erobern, dann gilt es viel zu verantworten und genau hinzusehen. **Zweitens stellt also Systemverantwortung einen umfassenden Arbeitsbereich der Roboter- und KI-Ethik dar.**

Mit der Verantwortungsfrage nach Maschinen, die den menschlichen Alltag erobern, ist weiterhin der Aufstieg zu einer großen, aber essenziellen Frage verbunden: **Welche Gesellschaft, welches Miteinander wollen wir?** Wir betreiben nicht nur singuläre Roboter. Wir bauen auch nicht nur auf bereits vorhandenen Infrastrukturen und Systemen auf, sondern entwickeln diese umfassenden Verflechtungen stetig weiter. Roboter und Digitalisierung prägen uns und wir prägen Roboter und Digitalisierung. Genau genommen designen wir Sozialverhalten und Arbeit, materialisieren wir Werte und Ideen mit Robotern und anderen Digitalisierungs-/Informationstechnologien. Die entsprechenden Folgefragen beziehen sich auf Zukunft und Wert der Arbeit, der Kommunikation, des (lebenslangen) Lernens und des guten, glücklichen Lebens. Da der Wertbegriff mehrdeutig ist, geht es der Roboterethik im Besonderen um die **moralischen Werte** – von welchen ökonomische oder technische (Mess-)Werte zu unterscheiden sind (siehe auch den roboterethischen Imperativ in *Band 2.2*). Im Detail lassen sich viele Lebensbereiche vertiefen. Abhängig von Funktion und Anwendung der Maschinen tritt neben das Thema Krieg ganz allgemein die Mobilitätsfrage ziviler Luft- und Raumfahrt, selbstfahrender Autos, Schiffe oder Drohnen. Im Sozialleben ergeben sich vielfältige Probleme im Bereich der Medizin und Pflege, des Smart Living für Jung und Alt. Aber auch so angenehme Areale menschlichen Engagements wie Entertainment, Spiele, Sport, Kunst, Musik sowie Sex sind nicht ausgenommen. Besonders letztgenanntes Beispiel erregt zuweilen manches Gemüt. **Drittens bildet ergo die moralische Wertfrage einen weiteren Brennpunkt.**

Die Bereiche und deren Gliederung folgt dabei eher ethischen Grundfragen, Problemstellungen und Arbeitsweisen, weniger den Eigenschaften und Funktionen konkreter Robotertechniken. Die methodische Heuristik wird also durch praktische Probleme motiviert und dann disziplinär zunächst aus der Ethik heraus gebildet. Beides ist so eng verzahnt, dass sich nicht wirklich sagen lässt, wer da Henne und Ei ist. Selbstfahrende Autos z. B. bilden Querschnittthemen aus, welche die genannten Bereiche der Verantwortungsforschung berühren, wie Fragen nach Datenschutz oder der gesellschaftlichen Zukunft und dem Wert der Mobilität. Hinzu tritt ein Revival des **Trolleyproblems**, in welchem Entscheidungskonflikte konstruiert werden, um über das Einprogrammieren von moralischen Gesetzen in Autos zu entscheiden. Dahinter steht ein Querschnittthema, das für Drohnen und andere Roboter auch gilt (Asimovsche Gesetze, Kap. 5).

Vertiefung: Das Trolleyproblem als Beschäftigungstherapie

Anfang der 1980er-Jahre baut Ernst Dieter Dickmanns an der Hochschule der Bundeswehr München eines der ersten selbstfahrenden Autos (Ramge 2019, S. 38). Zu dieser Zeit ist das Gedankenexperiment, um nicht zu sagen das Paradox, des Trolleyproblems bereits in verschiedenen Varianten überliefert (Ricken 2013, S. 308–310; Ritz 2018, S. 156–160; Zoglauer 2017, S. 71–87, S. 162–166). Bezog es sich ursprünglich auf einen außer Kontrolle geratenen Zug, der durch eine Weiche in 2 Richtungen gelenkt werden kann, feiert es heute im Zusammenhang mit selbstfahrenden Autos eine rege Konjunktur. In einer seiner unzähligen Versionen lässt es sich so zusammenfassen: Ein selbstfahrendes Auto detektiert einen unausweichlichen Unfall. Es bleiben nur wenige Sekunden bis zum Aufprall. Egal welche Option der Computer im Auto – bzw. das Netzwerk des Verkehrsleitsystems, in welches das Auto eingebunden ist – errechnet, es wird Schaden bei einem oder mehreren Verkehrsteilnehmerinnen in der Nähe geben. Der Aufprall ist unausweichlich. Die Frage ist nur, wen es erwischt und warum: die Insassen weil das Gefährt gegen eine Mauer lenkt, eine Oma auf dem Fußgängerüberweg oder zwei Geschäftsleute auf dem Gehweg? Wie sollte sich die Maschine entscheiden?

Es scheint ein regelrechter Kult um das Entwerfen möglicher Abwandlungen entstanden zu sein. Einmal steht das Überfahren von Katzen zur Alternative, mal tauchen Bankräuber auf, mal wird das Auto durch einen Menschen gestoppt der entweder auf die Straße springt oder geworfen wird. Allen gemeinsam ist eines: Es endet übel, jemand muss sterben. Teilweise wird das Szenario benutzt, um die moralische Gesinnung von Menschen zu erfragen.[7] Endlose Diskussionen, ob deontologische Ethik oder Utilitarismus der richtige Weg seien, um das Paradox zu lösen, sind keine Seltenheit. Kritisch gesehen lässt sich das Trolleyproblem durchaus als abstrakte, weltfremde Beschäftigungstherapie kritisieren, die den Blick von drängenderen Problemen ablenkt. Aus methodischer Sicht ist jedoch das Prinzip der Doppelwirkung von Bedeutung. Nach diesem Prinzip ist eine moralische oder ethische Bewertung abhängig davon, ob ein Übel als Ziel, als Mittel oder (ohne beabsichtigt zu sein) vorausschauend in Kauf genommen wird. Würde ich also mit einem Auto Amok fahren, wäre das Übel mein Ziel. Würde ich Menschen damit umfahren, um gegen den Klimawendel zu protestieren, dann wäre es mein Mittel. Würde ich wie im klassischen Trolleyproblem vom unkontrollierbaren Zug aus eine Weiche bedienen, wobei auf beiden Gleisen Menschen überfahren werden, dann würde ich ein Übel vorausschauend in Kauf nehmen müssen. Denn selbst wenn ich meine Finger vom Hebel lasse, habe ich doch moralisch gehandelt – denn Unterlassung ist auch eine Handlung. Vor diesem Hintergrund eröffnet das Prinzip der Doppelwirkung eine analytisch präzisierte Sicht, die sich anhand des Trolleyproblems schulen lässt (Ricken 2013, S. 303–308; Zoglauer 2017, S. 79–80).

Die Bereiche lassen sich wiederum als allgemein, konkret und speziell kennzeichnen. **Allgemein** ist ein solcher, wenn er in gleicher Formulierung auch auf andere Fächer wie Anthropologie, Elektrotechnik oder Jura zuträfe. **Konkret** steht eine bereichsbildende Aufgabe verbunden mit einem enger umrissenen Thema, welches der Roboterethik nicht exklusiv zukommt – wie auch, wenn sich viele Probleme als inter- und transdisziplinär darstellen. Ein **spezieller Bereich** ist typisch für die Roboter- und KI-Ethik. Er kennzeichnet Kernkompetenzen des Fachs. Wir wollen uns hier einige der speziellen Bereiche ansehen, anhand der in Abschn. 2.2 mit Immanuel Kant benannten 4 Grundfragen der Philosophie – jeweils bezogen auf 1. inter- und transdisziplinäre Forschung, 2. Systemverantwortung und 3. moralische Werte. Die Einteilung ist als eine mögliche Schablone

[7] In diesem Sinne veranstaltet das Massachusetts Institute of Technology (MIT) eine Webseite, auf der jeder seine Entscheidung in unzähligen Varianten anklicken kann. Im Sinne deskriptiver Ethik sollen dabei die moralischen Präferenzen von Menschen erforscht werden. Verwirrenderweise heißt das Projekt „The Moral Machine“. Dabei geht es doch gar nicht um Moral in Maschinen, sondern um Menschen, die ihre moralische Entscheidung über die Gesetze, nach denen ein selbstfahrendes Auto zu funktionieren hat, kundtun sollen: https://www.moralmachine.net/.

zu verstehen. Ausnahmen und Übergänge kennzeichnen regelhafte Abgrenzung. Fragen verdeutlichen den Problembezug jedes Bereichs.

Übersicht: Aufgaben und Bereiche der Roboter- und KI-Ethik (Ebene I, Bedeutung 1) entsprechend der 4 Grundfragen der Philosophie

In Abschn. 2.2 haben wir 4 Grundfragen der Philosophie kennengelernt. Wir wollen anhand derer ein Verständnis kennzeichnender Bereiche der Roboter- und KI-Ethik gewinnen. Diese hat typologischen und heuristischen Charakter. Als Kriterium der Einteilung dient das mit einer Frage und Aufgabe verbundene Problem, nicht so sehr der konkrete technische Gegenstand. Zur Vereinfachung seien hier Roboter genannt und Drohnen, Computer, Algorithmen, KI stets mitgedacht:

1. „Was kann ich wissen?" (Erkenntnislehre, Grundlagen des Erkennens und Wissens)
   - Inter- und transdisziplinäre Forschung: Was ist inter- und transdisziplinäres *Wissen* – im Umgang mit Robotern (Epistemologie)? Wo liegen dessen Grenzen (Skepsis)? Wie arbeiten wir über Fachgrenzen hinweg an Universitäten, in Wirtschaftsunternehmen oder in der Politik zusammen (Methodik)?
   - Systemverantwortung: Was *wissen* wir über die Verantwortungszuschreibung in soziotechnischen Sachsystemen, in welchen wir Roboter anwenden? Wie viel *wissen* wir über die (Handlungs-)Folgen unseres Einsatzes von Robotern?
   - Moralische Werte: *Wissen* wir, wie sich Moral oder Ethik in Maschinen technisch umsetzen lässt und welche Regeln sich tatsächlich in Maschinensprache übersetzen lassen?
2. „Was soll ich tun?" (Ethik, Grundlagen moralischen Handelns)
   - Inter- und transdisziplinäre Forschung: Ist der abgeschottete Elfenbeinturm in der Roboterethik *erlaubt*? Gibt es neben der pragmatischen Notwendigkeit ein moralisches *Gebot* zum fachübergreifenden Dialog? Wie *verhalte* ich mich moralisch gegenüber meinen Kolleginnen und Kollegen?
   - Systemverantwortung: Wer ist *verantwortlich,* wenn Roboter kollektiv in soziotechnischen Systemen betrieben werden? Welche Handlungsfolgen des Einsatzes von Robotern *können wir verantworten* und wie? Wie *soll* ich verantwortlich mit Robotern umgehen?
   - Moralische Werte: Welchen sittlichen Normen *sollten* wir bei der Anwendung von Robotern und Drohnen folgen? *Dürfen* wir Moral in Roboter einbauen bzw. einprogrammieren, wenn wir es könnten?
3. „Was darf ich hoffen?" (Religions- und Geschichtsphilosophie, Grundlagen des Glaubens, Ästhetik)
   - Inter- und transdisziplinäre Forschung: Darf ich *hoffen,* arbeitsteilig Herausforderungen zu bewältigen, die ich alleine nicht überblicken kann?
   - Systemverantwortung: *Glaube* ich daran, dass Roboter Verantwortung übernehmen können, damit ich mich selbst nicht mehr verantworten muss? Oder wird am Ende doch ein *Gott* über moralische Verstöße von Individuen und Gruppen mit und ohne Robotern richten?
   - Moralische Werte: *Glauben* wir an lebende, moralische oder fühlende Roboter, auch wenn es dafür keinen wissenschaftlichen Beleg gibt? *Hoffe* ich auf moralisch integre Maschinen und rational perfekt ethisch urteilende Roboter – um die emotionalen Niederungen menschlicher Schwächen zu überwinden?
4. „Was ist der Mensch?" (Anthropologie, Grundlagen des Menschseins)
   - Inter- und transdisziplinäre Forschung: Können wir durch die Forschung an Robotern besser verstehen, was *uns zu Menschen* macht? Stellen Roboter gar die *nächste evolutionäre Stufe des Menschen* dar, die wir besser so schnell wie möglich erforschen sollten?
   - Systemverantwortung: Verändert sich der *Mensch als moralische Person,* wenn die Rolle des Individuums bei der Verantwortungszuschreibung zunehmend infrage gestellt wird? Welche

Folgen für die Veränderung *unseres sozialen Wesens* haben wir zu verantworten, wenn in Zukunft z. B. Kinder mit „sozialen" Robotern als Gesprächspartnern aufwachsen?
- Moralische Werte: Welche Normen und sittlichen Werte *machen uns zu Menschen?* Welchen Einfluss hat moralisches Sozialverhalten auf *unsere natürliche und kulturelle Evolution?* Wie wird *typisch menschliches* sittliches Agieren durch den Umgang mit Robotern kulturell-evolutionär verändert?

Damit sind zumindest die wichtigsten Bereiche und Aufgaben innerhalb der Roboterethik (Ebene I, Bedeutung 1) benannt. Deren Aufgaben gestalten sich entsprechend aller 4 Bedeutungen. Ebene II umgreift 3 weitere, die sich mit ihren Anschlussfragen in jeweils einem Bereich zusammenbringen lassen:

- Roboter als eventuell belebte moralische Akteure und Wertempfänger (Kap. 3).
- Roboter als eventuelle ethische Entscheidungskräfte und begründende Urteilsinstanzen (Kap. 4).
- Verhaltenskodizes und moralische Regeln für Roboter (Kap. 5).

Von der Sache her **kommen die drei weiteren Bereiche der Ebene II der Roboterethik exklusiv zu.** Denn Fragen nach moralisch handelnden, ethisch bewertenden oder einem Ethos folgenden Maschinen liegt per definitionem im Zentrum einer als wissenschaftlicher Disziplin verstandenen Roboterethik (Kap. 2). Auf der anderen Seite sind Antworten ohne Einbezug des technisch Realisierbaren zuweilen müßig – jedenfalls unvollständig. Auch an dieser Stelle steht die Abgrenzung nur wieder, um postwendende Risse zu entfalten. Außerdem haben wir schon mehrfach gesehen, dass die Frage nach moralischen Maschinen schlussendlich gar nicht wegen Robotern als echten Subjekten sittlichen Lebens gestellt werden muss, sondern schon als hypothetische Herausforderung für unser menschliches Abwägen eine tragende Rolle spielt. Das Nachdenken über moralische Roboter schult unser eigenes Bewerten ethischer Sachprobleme. Nach der hier vorgeschlagen Zusammenschau der Bereiche fällt darum das systematische Übergewicht der Ebene I auf, in welcher Roboterethik selbst wiederum Merkmale der angewandten Ethik *(Band 2, 1)* und Technikethik *(Band 2, 3)* verwirklicht. **Kurz: Roboter- und KI-Ethik wird von Menschen gemacht.** Auch das liegt in der Natur der Sache, denn das Nachdenken über Roboter als Subjekte moralischen oder ethischen Handelns ist und bleibt eine menschlich hausgemachte Spezialität. Wie wir in *Band 2, 2* sehen werden, bekommen wir den methodischen und sprachlichen Anthropozentrismus aus der Gleichung nicht herausgekürzt. Selbst für den Gedanken an moralisch tadellose Maschinen gilt immer noch: „Mittelpunkt Mensch und seine Verteidigung" (frei nach Fuchs 2020 und Maio 2017) – wir vollziehen diesen Gedanken, sprechen ihn in menschlicher Bedeutung aus und orientieren uns an bestimmten thematischen Brennpunkten (siehe hierzu auch den erweiterten Problemaufriss der Technikethik in *Band 2, 5*).

Übersicht: Querschnittfragen der Roboterethik entsprechend thematischer Brennpunkte

Die Grundfrage lautet: Haben wir die Technik, die wir brauchen, und brauchen wir die Technik, die wir haben? Entsprechend einer Gliederung in 10 thematische Brennpunkte (Funk 2017) ergeben sich folgende abgewandelte Formulierungen:

1. Ideologie, Weltanschauung und Menschenbild:
   Haben wir das Menschenbild, das wir brauchen, und brauchen wir das Menschenbild, das wir haben?
2. Terminologien, (künstliche) Intelligenz, Kreativität, Autonomie, Freiheit, Simulation und Modellbildung:
   Haben wir die (Maschinen-)Sprache(n), *die wir brauchen, und brauchen wir die (Maschinen-)Sprache(n), die wir haben?*
3. Ersetzbarkeit (kognitiv und operational), Mensch-Maschine-Interaktion:
   Haben wir die Berufe, die wir brauchen, und brauchen wir die Berufe, die wir haben?
4. Gelebte Moral, Verantwortung, Jurisprudenz und Haftung:
   Haben wir die Verantwortung und Rechtsprechung, die wir brauchen, und brauchen wir die Verantwortung und Rechtsprechung, die wir haben?
5. Szenarien/Visionen, Zukunft der Militär- und Zivilgesellschaft:
   Haben wir die Zukunft, die wir brauchen, und brauchen wir die Zukunft, die wir haben?
6. Epistemologie, Pragmatik und Folgewissen:
   Verantworten wir das Wissen, *das wir haben – können wir dieses überhaupt verantworten –, und haben wir das Wissen, um Verantwortung übernehmen zu können?*
7. Methodik, ethischer Werkzeugkasten:
   Haben wir die Argumente, die wir brauchen, und brauchen wir die Argumente, die wir haben?
8. Realpolitik, Interessen induzierte Zweck-Mittel-Rationalität:
   Haben wir die realpolitischen Organe, die wir brauchen, und brauchen wir die realpolitischen Organe, die wir haben?
9. Technische Praxis, instrumentell-funktionale Zweck-Mittel-Rationalität:
   Halten wir das Maß, das wir haben, und haben wir überhaupt ein Maß, an das wir uns halten können?
10. Informationsnetzwerke, Cyberspace und Systemtechnik:
    Haben wir die Komplexität, die wir brauchen, und brauchen wir die Komplexität, die wir haben?

Schlussendlich:
Haben wir die Sicherheiten und Risiken, *die wir brauchen, und brauchen wir die Sicherheiten und Risiken, die wir haben?*

6.3 Roboter- und KI-Ethik in der Diskussion

Abschließend wollen wir einen Blick auf einige ausgewählte Vertreterinnen und Vertreter der umfassenden internationalen Diskussion werfen. Eine eindeutige Zuordnung bestimmter Autorinnen und Autoren bzw. der entsprechenden Werken zu einer der 4 Bedeutungen der Roboterethik – wie sie in vorliegendem Buch vollzogen wird – ist nicht immer eindeutig möglich. Regelmäßig verschwimmen in der Diskussion die Grenzen zwischen Moral, Ethik und Ethos. Häufig beziehen sich die jeweiligen Ausführungen jedoch auf eine der beiden Ebenen – Roboter als Objekte (Ebene I) oder Subjekte moralischen Handelns (Ebene II). Die Debatte findet zu einem großen Teil englischsprachig statt, aber auch mit Publikationen aus dem deutschsprachigen Raum (z. B. Capurro/Nagenborg (Hg.) 2009; Decker/Gutmann (Hg.) 2012). Besondere Bedeutung erhalten fach- und kulturübergreifende Analysen. Gegenstand sind auch Dialoge zwischen verschiedenen Kulturen des Umgangs mit Robotern – etwa zwischen Europa und Asien (z. B. in Funk/Irrgang (Hg.) 2014). Unter dem Titel *Robophilosophy* entstand in den vergangenen Jahren ein interdisziplinärer und internationaler Austausch rund um das Thema der Mensch-Maschine-Interaktion (Seibt 2014; Nørskov 2016).[8] Roboterethik nimmt in diesem Reigen ihren festen Platz zwischen Psychologie, Ethnologie, Kulturwissenschaften, Anthropologie, Kognitionswissenschaften, Informatik und Ingenieurdisziplinen ein. Aus 4 internationalen Konferenzen 2014 und 2016 in Aarhus, Dänemark, 2018 in Wien, Österreich, und schließlich 2020 als Onlineformat – pandemiebedingt – wieder von Aarhus aus, gingen 4 vielschichtige Tagungsbände hervor, welche den jüngsten Austausch zum Thema dokumentieren (Seibt et al. (Hg.) 2014; Seibt et al. (Hg.) 2016; Coeckelbergh et al. (Hg.) 2018; Nørskov et al. (Hg.) 2020). Aber auch viele weitere Konferenzen, z. B. durch die *Foundation of Responsible Robotics,*[9] und spezialisierte Fachjournals belegen die reichhaltige Debatte. Vorliegende Einführung versteht sich in der Tradition der *Robophilosophy,* insofern Roboterethik nicht als hermetisch abgeschirmter Ruheraum akademischer Selbstbeschäftigung oder reißerischer medienwirksamer Selbstdarstellung gesehen wird, sondern als notwendiger fach- und kulturübergreifender rationaler Dialog. Um einen Beitrag zu dessen methodischer wie systematischer Stringenz zu leisten, ist vorliegendes Buch als Teil der Buchreihe *Grundlagen der Technikethik* geschrieben.

Internationale Beachtung erfuhr auch eine zuerst 2011 von Patrick Lin, Keith Abney und George A. Bekey besorgte Edition mit dem Titel *Robot Ethics. The Ethical and Social Implications of Robotics,* die unter Beteiligung vieler Beiträge diverser Urheber entstanden ist (Lin/Abney/Bekey (Hg.) 2012). Neben Anwendungsfeldern wie Kampf-, Pflege- und Sexrobotern finden sich hier auch grundsätzliche Ausführungen über Begriff und Gegenstand der Roboterethik unter der Wortform **Robot Ethics**. Geläufig

[8] https://conferences.au.dk/robo-philosophy/what-is-robophilosophy/

[9] https://responsiblerobotics.org/

sind darüber hinaus auch die Schreibweisen **Robot-Ethics** sowie **Robotethics** und **Roboethics**. Gianmarco Veruggio hat seit 2004 durch Beiträge zu diversen Workshops und Publikationen den Begriff und das Feld der Roboterethik mit geprägt (Veruggio 2005). In den folgenden Jahren entstand eine Roboethics Roadmap in verschiedenen Versionen (z. B. Veruggio 2006). Zusammen mit Keith Abney resümiert er 2011 in der *Robot-Ethics*-Edition die Entwicklungen der vergangenen Jahre. Die beiden Autoren unterscheiden dabei 3 Bedeutungen: 1. Roboterethik als angewandte Ethik, 2. als moralischer Code, also einprogrammierte Moral in Maschinen, und 3. als ethisches Begründen durch Roboter. Bezugspunkt bei all dem bleibt stets der Mensch, auch wenn es um moralischen Maschinencode geht. Die Edition von 2011 spiegelt diese 3 Ebenen unter anthropozentrischen Vorzeichen wider (Veruggio/Abney 2012, S. 347–349). In der aktuellen deutschsprachigen Debatte weisen Karsten Weber und Matthias Rath völlig zurecht ebenfalls auf die begriffliche Unterscheidung zwischen Moral und Ethik hin. Beides zu vermischen, ist leider zu einer Verwirrung stiftenden Mode geworden (Weber 2019; Rath 2019). Vorliegendes Buch folgt diesen Einsichten insofern der – übrigens vielfach belegte – anthropozentrische Rahmen aus methodischen Gründen erhalten bleibt. Auch die vorliegende Unterteilung in 4 Bedeutungen auf 2 Ebenen ist inhaltlich kompatibel mit dem Ansatz von Veruggio und anderen (Funk 2020).

Jedoch wird darüber hinaus auch die Unterscheidung zwischen moralischem Handeln und dem Befolgen eines moralischen Kodex in vorliegender Einführung deutlicher herausgestellt (Kap. 3 und 5). Denn schon im menschlichen Zusammenleben stellt ein Moralkodex/Ethos einen Sonderfall expliziter Handlungsregeln dar, der in seiner Darstellungsform über implizite Bräuche, Werte und Sitten hinausreicht. Für Roboterethik ist die Unterscheidung zwischen dieser expliziten und impliziten Zone moralischen Lebens wichtig mit Blick auf die Möglichkeiten künstlicher Intelligenz und explizit-formaler Maschinensprachen *(Band 4, 1* und *Band 4, 2)*. Entsprechend der Anwendungsgebiete der Robotik untergliedert Patrick Lin in der zuerst 2011 erschienen Edition die Roboterethik in 3 große Felder: 1. Sicherheit und Fehler/Risiken, 2. Gesetze und Ethik sowie 3. soziale Auswirkung; jeweils bezogen auf den Einsatz von Robotern in den Bereichen Arbeit und Service, Militär und Sicherheit, Forschung und Bildung, Unterhaltung, Medizin und Pflege, Haushalt und Begleitung, Umwelt sowie in der Zukunft (Lin 2012). Letztgenannter Punkt spielt übrigens eine eigenständige Hauptrolle in Illah Reza Nourbakhshs Zukunftsszenarien unter dem Titel *Robot Futures* (Nourbakhsh 2013). Dass sich der Gliederungsvorschlag in vorliegendem Buch (Abschn. 6.2) von Lins Zusammenschau auch unterscheidet, ist dem Anliegen einer darüber hinausgehenden Systematisierung des methodischen Zugriffs geschuldet – darf aber gerne auch als eine mögliche Weiterentwicklung neben anderen verstanden werden.

2017 erschien eine zweite internationale Anthologie unter dem Titel *Robot Ethics 2.0 From Autonomous Cars to Artificial Intelligence,* herausgegeben von Patrick Lin, Ryan Jenkins und Keith Abney (2017). Vertrauen in Roboter, selbstfahrende Autos und die neueren Entwicklungen der künstlichen Intelligenz von Singularität bis hin zu Superintelligenz stellen Querschnittthemen dieser Aufsatzsammlung dar. Einen mittlerweile häufig zitierten locus classicus der Ebene II der Roboterethik bildet das 2009 erschienene Buch *Moral Machines. Teaching Robots Right from Wrong* der Autoren Wendell Wallach und Colin Allen (2009). Sie bewegen sich konkret in der Bedeutung 2 des Wortes und fragen nach der moralischen Handlungsfähigkeit von Maschinen. Auf James H. Moore (2006) geht eine Gliederung in 4 Formen moralischer Akteure (nicht ganz unmissverständlich als **ethical agents** bezeichnet) zurück. Wallach und Allen unterscheiden anschließend an Moore 3 bzw. 4 Hauptgrade der AMAs (**artificial moral agents**) entsprechend der Kategorien **autonomy** und **ethical sensitivity**. Graduell steigen die Systeme von **operational morality** über **functional morality** auf zu **full moral agency**. Wobei der letzte Schritt zum vollständig moralischen Akteur, das entspricht in etwa der vierten Form bei Moore, fraglich bleibt (Wallach/Allen 2009, S. 25–36). Über functional morality kommen die Systeme nicht hinaus, sie funktionieren, so *als ob* sie moralfähig wären. Zusätzlich stellen sich Verantwortungsfragen, wenn eine Maschine auch nur funktional moralische Entscheidungen treffen könnte (Ebd., S. 197–207). Weitere Beispiele aus der Debatte für die Ebene II Roboterethik sind Leben 2019, Rötzer (Hg.) 2016 oder Trappl (Hg.) 2015.

Die Arbeiten von Wallach und Allen sowie von Moore auf der Ebene II des Genitivus subiectivus beeinflussen z. B. die Übersicht von Catrin Misselhorn in ihrem 2018 erschienen deutschsprachigen Buch *Grundfragen der Maschinenethik.* Die Autorin unterscheidet unter Rückgriff auf die internationale Debatte 4 Arten moralischer Akteure (Misselhorn 2018, S. 70–74) und diskutiert bottum-up sowie top-down Ansätze der Moralimplementierung (ebd., S. 96–118). Moralische Personen unterscheiden sich durch Bewusstsein und Willensfreiheit von bloß moralisch funktionierenden Maschinen (ebd., S. 118–126). Auch Misselhorn wendet sich dem Verantwortungsproblem zu und erörtert die Gefahren unklarer Verantwortungszuschreibung in soziotechnischen Systemen (ebd., S. 126–135). Dabei fällt auf, dass der Terminus Roboterethik nicht einheitlich verwendet wird und selbst zum Gegenstand der Debatte gerät. Anhand der deutschsprachigen Diskussion lassen sich alternative jedoch uneinheitliche Verwendungen der Begriffe studieren. Denn hier rangiert die in vorliegendem Buch definierte Ebene II auch unter dem Titel der **„Maschinenethik“**, angelehnt an die internationale Vorlage **„Machine Ethics“** (Anderson/Anderson/Armen (Hg.) 2005; Anderson/Anderson (Hg.) 2011). Roboter als Subjekte moralischer Handlungen und insofern sie einem Kodex folgen können (Ebene II, Bedeutungen 2 und 4) kommen bei Misselhorn zur Sprache unter eben diesem Label (Misselhorn 2018, S. 7–8 et passim). Veruggio und Abney kennen die damit verbundenen Probleme wiederum als zweite Bedeutung der *Robot Ethics.*

Ganz ähnlich wie Misselhorn argumentiert auch Oliver Bendel. Die Roboterethik wird in ihrer Bedeutungsschicht in Folge der Reservierung von Ebene II für die Maschinenethik auf Ebene I, Bedeutung 1 ausgelagert. Sie behandelt in Bendels und Misselhorns Terminologie Roboter als Objekte moralischer Handlungen, in Veruggios und Abneys Zuordnung entspricht dem die erste Bedeutung der angewandten Ethik. Als Grund für diese sprachliche Trennung in Roboterethik und Maschinenethik erscheint das Auftreten von Chatbots und anderen potenziell moralfähigen Maschinen, die nicht unter die – jedoch ohnehin weite und nicht einheitliche – Definition eines Roboters fallen (Bendel 2016a, S. 28, S. 129–131, S. 189–190; Bendel 2018). Die Zuspitzung der deutschsprachigen Debatte auf das Label der Maschinenethik zeigt sich in aktuellen Publikationen wie dem Sammelband *Maschinenethik. Normative Grenzen autonomer Systeme* (Rath/Krotz/Karmasi (Hg.) 2019) oder im zuerst 2018 online erschienen *Handbuch Maschinenethik* (Bendel (Hg.) 2018). Eine andere Autorin bezeichnet in diesem Handbuch wiederum als Roboterethik einen Ausschnitt dessen, was Misselhorn und Bendel Maschinenethik nennen. Dabei wiederholt sie den Ansatz von Wallach und Allen (2009) sowie die von Floridi und Sanders (2004) aus der Umweltethik übernommene Unterscheidung in moral agent und moral patient (Loh 2018). Roboterethik sei nur auf diesen schmalen Ausschnitt begrenzt (Ebene II, Bedeutung 2). Die Autorin spekuliert über gleichberechtigte Maschinen in nicht näher bestimmten „moralischen Universen". In einer Studie tabelliert sie vor diesem Hintergrund wenige Standpunkte der Debatte (Loh 2019). Misselhorn (2018) und Bendel (2016b) präsentieren ein differenziertes Verständnis der Maschinenethik. Jedoch offenbaren sich einige Facetten der deutschsprachigen Diskussion ab 2018 eher als ein Echo auf die bereits 15 Jahre zurückliegenden Arbeiten von Veruggio, Anderson und Anderson, Wallach, Allen und anderen. Das wirft durchaus die Frage in einigen Fällen auf, ob hier wirklich etwas Eigenständiges und Neues beigetragen wird, oder ob im Einzelfall mit den Labeln der Maschinen- und Roboterethik nicht eher Verwirrung gestiftet wird.

Darüber hinaus lässt sich als Teil des Themas auch über Maschinen als Wertträger nachdenken und sogar fragen, ob Roboter eigene Rechte erhalten sollten und warum – wie z. B. in Gunkel 2018 oder Gellers 2021. Michael Decker analysiert im Kontext der Technikfolgenabschätzung explizit im weiten Verständnis beide Ebenen der Roboterethik. Er wirft z. B. die Frage nach Unterlassungen auf, da der bewusste Verzicht auf den Robotereinsatz oder die Implementierung moralischer Vorgaben ebenfalls ethisch begründet werden muss (Decker 2016). Vorliegende methodische Einführung orientiert sich an dieser breiteren Rationalisierung des Gegenstands. Das Begriffsfeld wird durch Unterscheidung von 2 Ebenen (Genitivus obiectivus und subiectivus) sowie von 4 Bedeutungen zu ordnen versucht. Zur Orientierung dient zuerst nicht der Begriff des Roboters oder der KI, sondern die 3 längst tradierten Bedeutungsschichten des Begriffs Ethik in Bezug auf Roboter als Subjekte (Kap. 3, 4 und 5) und natürlich das essenzielle Nachdenken über Roboter als Objekte unserer Handlungen (Kap. 2). Die sich daraus ergebende Gliederung kann als Verfeinerung des Ansatzes von Gianmarco Veruggio und Keith Abney sowie Michael Decker und der rationalen Technikfolgenabschätzung gelesen werden – einem methodisch-sprachkritischem Anthropozentrismus folgend *(Band 2, 2)* und im dialogischen Austausch der **Robophilosophy** (Seibt und Nørskov) wurzelnd.

Da der Begriff des Roboters ein weites Feld umfasst, das von der Sache her KI – und eben auch andere Maschinen – nicht nur einschließt, sondern sich teilweise synonym verhält, trägt vorliegendes Buch den Titel *Roboter- und KI-Ethik*. Natürlich ließe sich nun streiten, ob KI nicht der primäre Terminus wäre, da sie auch unabhängig von

Robotern eingesetzt würde. Ethisch, so ließe sich entgegnen, wirft aber eben gerade die Verkörperung von KI in Robotern besondere Probleme auf. Wir wollen dieses Begriffsfeld in *Band 3* vorliegender Reihe aufräumen. In vorliegendem Buch wird zuerst von der Ethik her an das Themenfeld herangeführt. Das Label, unter dem wir navigieren, ist genau gesehen zweitrangig. Erstrangig bleibt der methodisch-systematische Aufriss, aus dem sich die beiden Ebenen mit den 4 Bedeutungen und entsprechender Problematik ableiten. Wer will, darf alles, was hier geschrieben steht, auch als Maschinenethik deklarieren, so lange die problemorientierte Struktur dahinter erhalten bleibt. Technikethik ist das alles sowieso.

Da Roboter, Drohnen und KI informationsverarbeitende Technologien sind, ließe sich auch von **Informationsethik** (Heesen (Hg.) 2016) sprechen. Sarah Spiekermann gebraucht alternativ den Begriff einer „**digitalen Ethik für das 21. Jahrhundert**" und meint genau genommen die Wiederholung der Schelerschen Wertethik von 1913/1916 mit Blick auf digitale Technologien von heute (Spiekermann 2019, S. 37 et passim). An der Hochschule der Medien in Stuttgart wurde ein *Institut für Digitale Ethik* eingerichtet, wobei ein breiterer Ansatz mit praktischem Blick auf den Umgang mit Fake News, Videospielen, Sicherheit oder die persönliche Haltung in digitalen Lebenswelten erarbeitet wird (Grimm/Keber/Zöllner (Hg.) 2019). In Form eines Kodex liegen *10 Gebote der Digitalen Ethik*[10] vor, die indirekt auch den Gebrauch von Robotern und KI betreffen können. Im Mai 2019 wurde das *Wiener Manifest für Digitalen Humanismus*[11] an der dortigen TU verabschiedet. Es fordert besonders Informatikerinnen zur Beteiligung an der gesellschaftlichen Debatte auf. Wie viel institutionelle Dynamik in dem Feld steckt, lässt sich auch mit Blick auf den aktuellen Boom weiterer Institute, wie z. B. dem *Institute for Ethics in Artificial Intelligence* der TU München beobachten. Unter Beteiligung des dortigen Direktors ist ebenfalls 2019 eine populärwissenschaftliche Darstellung über *Ethik in KI und Robotik* mit wirtschaftsethischen Nuancen entstanden (Bartneck / Lütge / Wagner / Welsh 2019; siehe zu **digital ethics** auch Beever et al. 2020). Es scheint ein regelrechter Wettbewerb der Etiketten entbrannt zu sein.

Ethische Betrachtungen, in denen es explizit um Drohnen geht, äußern sich in einer umfassenden Flut weiterer Publikationen der vergangenen Jahre, wobei vor allem die Themen Kriegsdrohnen und öffentliche Sicherheit eine hohe Konjunktur feiern (z. B. Barely (Hg.) 2017; Biermann/Wiegold 2015; Boyle (Hg.) 2019; Custers (Hg.) 2016; Di Nucci/Santoni de Sio (Hg.) 2018; Funk et al. (Hg.) 2017; Sandvik/Jumbert (Hg.) 2018; Strutynski (Hg.) 2013). Häufig sind die fachlichen oder populärwissenschaftlichen Darstellungen zur **Ethik des Umgangs mit Drohnen** eingebunden in breitere Diskussionen technischer und rechtlicher Perspektiven. Gründe hierfür sind die seit 2009 immer

[10] https://www.hdm-stuttgart.de/digitale-ethik/lehre/10_gebote

[11] https://www.informatik.tuwien.ac.at/dighum/wp-content/uploads/2019/07/Vienna_Manifesto_on_Digital_Humanism_DE.pdf

stärker in den Fokus der Öffentlichkeit geratenden Einsätze großer Kampfdrohnen auf internationalen Schauplätzen, dem sogenannten „Krieg gegen den Terror" und die verbundene völkerrechtliche, teils heftige, Kritik. Kleinere Drohnen wie Quadcopter sind für jedermann erhältlich und berühren daher direkt unseren Alltag. Entsprechend steigt deren Popularität und Wahrnehmung. Außerdem verbinden wir mit Drohnen zunehmen allgemeine zivilrechtliche Fragen, die nicht nur Datenschutz und Überwachung als Schlagworte führen, sondern bis hin zum Cyberwar – dem Onlinekrieg im Cyberspace – reichen. Drohnen lassen sich wie Computer hacken, und das nicht nur durch Kriminelle. In der deutschsprachigen Auseinandersetzung ist sogar programmatisch von einer *Ethik im Drohnenzeitalter* zu lesen. Gertrud Brücher diskutiert dabei das Tötungstabu. Aus deontologisch-systemtheoretischer Sicht argumentiert sie für ein generelles Tötungsverbot, egal welche Operationen einer humanistisch oder posthumanistisch interpretierten Mensch-Maschine-Symbiose dahinterstehen mögen. Die Reichweite des Problems bewegt sie zu einer Analogie, wonach die Ethik des Drohnenzeitalters in der gleichen Liga spiele wie die Ethik des Atomzeitalters (Brücher 2017, S. 9 et passim).

Wenn wir in der Debatte weiter herauszoomen, dann sehen wir Fragen und Probleme der Roboter- und KI-Ethik auch in zahlreichen Werken über **Digitalisierung** und den generellen gesellschaftlichen „Wandel" in unseren Hightech-Zivilisationen mit angesprochen (Hengstschläger et al. (Hg.) 2020; Woopen/Jannes (Hg.) 2019). Da es sich bei Robotern und Drohnen um vernetzte technische Systeme auf der Grundlage komplexer IT-Infrastrukturen handelt, ist eine breitere Perspektive notwendig – wenngleich in der Forschung zu Recht auch immer auf eine möglichst präzise Eingrenzung des Gegenstands hingearbeitet wird. Hier finden wir einige Bücher wieder, die bereits in der Einleitung, Kap. 1, angesprochen wurden. So z. B. die Aufsatzsammlung von Rafael Capurro, in welcher ethische Fragen der Digitalisierung in den Kontext fundamentalphilosophischer ontologischer Fragen gerückt werden (Capurro 2017). Luciano Floridi diskutiert in *Die 4. Revolution. Wie die Infosphäre unser Leben verändert* dem Titel entsprechend die Einflüsse der Informations- und Kommunikationstechnologien (ICTs) auf unser terrestrisches Leben und Selbstverständnis. Vor dem Hintergrund des Datenschutzes und der Datensicherheit werden ethische Fragen und die eventuelle Notwendigkeit eines ethischen bzw. moralischen Umdenkens skizziert. Besondere Aufmerksamkeit erfordern die durch eine menschengemachte Infosphäre folgenden Umweltprobleme (Floridi 2015). Martin Ford (2016) und Klaus Schwab (2016) nehmen jeweils eine wirtschaftspolitische Sichtweise ein. Roboter, Automatisierung und Digitalisierung werden in breiteren sozioökonomischen Prozessen verortet. Guy Standing (2015) wirft ähnliche Fragen auf, jedoch deutlich gesellschaftskritischer.

Im Verbund mit Problemen des Klimawandels erscheinen Roboter, KI und Digitalisierung als Triebfedern einer globalen Umwälzung, welche vor allem die Arbeitswelt berührt. Der Umgang mit Massenarbeitslosigkeit und all ihren Folgen erscheint als die soziale Frage schlechthin. Hier wird der Bereich der Sozialethik im Mark getroffen, da es schlussendlich um die gelingende menschliche Gemeinschaftlichkeit geht. Selbst wer durch Roboter im Wohlstand viel Freizeit genießt, der kann Sinnfragen nicht ausblenden: Wie lässt sich die gewonnene Zeit langfristig sinnvoll nutzen? Wie gerinnt der Zeitgewinn nicht zu einem mentalen Bumerang gedehnter Sinnlosigkeit (Erfahrungen dieser Art mögen auch im endlos verlängerten pandemiebedingten Lockdown vorkommen)? Schlussendlich geht es um politische Philosophie und die Notwendigkeit praktischer Lösungen besonders dort, wo soziale Gewalt durch technologieinduzierte Verwerfungen von Wohlstand und Macht drohen. Einen umfassenden Fokus auf die Strukturen kapitalistischer Marktwirtschaft im Umgang mit Daten und datengestützter Überwachung entwickelt Shoshana Zuboff (2018). Der Mensch droht zum reinen Datenspender zu verkommen, gefangen in den Machtgeflechten einzelner Monopolisten, die sogar nationalstaatliche Regierungen vor sich hertreiben (Hofstetter 2016), bis hin zum politischen Treiben in unsichtbaren, digitalisierten Kriegen (Hofstetter 2019).

Global haben sich zumindest 3 große gesellschaftspolitische Paradigmen im Umgang mit Robotik und KI herausgebildet. Der staatlichen Lenkung und Überwachung durch **social scoring** in China steht der US-amerikanische Liberalismus gegenüber, der sich in einem von wenigen privatwirtschaftlichen Monopolisten dominierten **surveillance capitalism** offenbart (Zuboff 2018). Europa versucht einen Weg der **transnationalen Regulierung** top-down. Es ist nicht verwunderlich, dass Roboterethik gerade in der EU eine zunehmende Bedeutung bei der internationalen Politik- und allgemeinen Stakeholderberatung erfährt. Verwundern sollte aber auch nicht, dass dadurch die Wahrscheinlichkeit inhaltsleerer Lippenbekenntnisse nicht automatisch geringer wird. Jede Ethik birgt die Gefahr, nicht als Moralwissenschaft, sondern als Gütesiegel zur Vertrauensbildung und Akzeptanzbeschaffung missverstanden zu werden. Zunehmend rückt dabei der Begriff der *AI Ethics* (Coeckelbergh 2020) in den Vordergrund, unter welchem Guidlines (AI HLEG 2019, S. 5 et passim; Ebene II, Bedeutung 4; Kap. 5) verhandelt werden, die dann schlussendlich nicht bloß für KI gelten, sondern auch für Roboter und Drohnen. In eine ähnliche Richtung verweist das *White Paper des Österreichischen Rats für Robotik und Künstliche Intelligenz,* in welchem man *Die Zukunft Österreichs mit Robotik und künstlicher Intelligenz positiv gestalten* will (acrai 2018, zur Ethik S. 23). Versuche zur internationalen Standardisierung der ethischen Bewertung und Weiterbildung unter Einbezug vielfältiger Stakeholdergruppen legt die *IEEE Standards Association* vor.[12]

Ethikstandards boomen. Gerade hier ist es umso wichtiger, die Unterschiede zwischen Ethik, Moral und Ethos/Kodex zu sehen. Eine Guideline kann vielleicht normative Sätze standardisieren, die moralischen Lebensstile der Menschen aber nicht im gleichen Atemzug. Guidelines zu schreiben bzw. zu lesen und sie dann auch zu leben, das sind 2 Paar Schuhe. Davon wiederum zu unterscheiden ist die rationale moralwissenschaftliche Argumentation, die Guidelines zugrunde liegen kann, aber nicht notwendigerweise muss. Im Idealfall finden alle 3 Aspekte eigentlich theoretisch und uneigentlich praktisch

[12] https://standards.ieee.org/industry-connections/ec/autonomous-systems.html

zusammen. Wenn Kodex und moralische wie außermoralische Lebenswirklichkeit aneinander vorbei laufen, bleiben top-down verfasste Regulierungen wirkungslos. Umso dringender erscheint es, Fragen des gesellschaftlichen Umgangs mit Digitalisierung, Robotern und KI auch bottom-up zu thematisieren. Hierzu zählen Bildung oder öffentliche Diskursräume, die zu kritischem Widerspruch einladen. Roboter- und KI-Ethik ist auch Weisheit, praktische Kunst und Lebensklugheit, die im wahren Leben gelernt sein will. Wird sie auf eine Handvoll Sätze in Kodizes reduziert, ist sie schon so leblos wie Quellcodes in Computern (Frauenberger 2020; Funk 2020; Funk/Frauenberger/Reichl 2020; Reichl/Welzer 2020).

Zoomen wir heraus bis zur politischen Ebene und noch etwas weiter, dann berühren wir direkt **Weltbilder und Ideologien**. In den Wissenschaften wird mit Ludwik Fleck von „Denkstilen" gesprochen (Fleck 1980) oder mit Thomas Kuhn von „Paradigmen" (Kuhn 2001). Auch die Roboterethik ist mitnichten davon ausgenommen. Wissenschaft selbst, also auch die Wissenschaft von der Moral, lässt sich schon als ein Weltbild sehen. Dieses fußt auf Rationalität, Aufklärung, Begründung, Dialog, Kritik, Skepsis und Methodik. Vorliegendes Buch vertritt genau dieses. Dabei wird Sprachkritik paradigmatisch angewendet, wie auch Systematik und methodische Konsistenz angestrebt. In diesem Sinne ist es ein humanistisches Buch – nicht weil es aus dem 15. Jahrhundert stammt oder alle Menschen zur idealen Bildungsbürgerin formen will, sondern weil sich aus genannten methodischen Gründen bei sogenannten moralischen Maschinen der sprechende, lebende und handelnde Mensch nicht suspendieren lässt. Es ließe sich auch von einer paradigmatischen, methodisch-sprachkritischen Anthropozentrik sprechen *(Band 2, 2)*.

Diese steht bestimmten Irrationalismen des sogenannten Post- und Transhumanismus gegenüber, in welchen der Mensch, sein Standpunkt, seine Natur oder was auch immer noch so alles menschlich sein könnte, vor allem durch Technik überwunden würde. Die technologischen Fantasien reichen von Unsterblichkeit bis hin zum Hochladen des Gehirninhalts auf eine Festplatte. Zu Recht gibt es kritische Stimmen innerhalb der post- und transhumanistischen Debatte selbst, in welcher die nötige Rationalisierung gesucht wird (Lorenz Sorgner 2016; Lorenz Sorgner 2018). Julian Nida-Rümelin und Nathalie Weidenfeld schreiben in ihrem 2018 erschienen Buch *Digitaler Humanismus. Eine Ethik für das Zeitalter der Künstlichen Intelligenz* gegen die damit verbundene „Sillicon-Valley-Ideologie" an (Nida-Rümelin/Weidenfeld 2018, S. 20 et passim). Sie prüfen Science-Fiction-Filme auf ihren philosophischen Gehalt. Paradigmatisch wird an der Trennung von Mensch und Maschine festgehalten, um zu einer neuerlichen Rationalisierung der Diskussion beizutragen. Die Autorin und der Autor bewegen sich somit im gleichen Paradigma wie vorliegendes Buch. Gleiches gilt für Thomas Fuchs, der eine *Verteidigung des Menschen* als leibliches Wesen formuliert (Fuchs 2020). Der letzte Satz ist doppeldeutig und bringt insofern den springenden Punkt klar hervor: Die anthropologischen Grundlagen der Menschen als leibliche Wesen werden gegenüber Irrglauben verteidigt und natürlich schreibt Fuchs das als ein leibliches Wesen. Wir können nicht aus unserer Haut, und das ist kein Makel.

In *Angewandte Ethik und Technikbewertung. Ein methodischer Grundriss, Band 2* der Reihe *Grundlagen der Technikethik,* schließen wir an diesen und weitere Stränge an. Methoden der angewandten Ethik werden vorgestellt und in einen integrativen Entwurf gebracht *(Band 2, 1):* Wie verfahren bei der Abwägung eines konkreten ethischen Konflikts? Hinzu tritt ein systematischer Grundriss der methodisch-sprachkritischen Anthropozentrik und ihrer Orientierung am menschlichen Leib. Auch wenn Ebene II der Roboter- und KI-Ethik intensiv debattiert wird, so gibt es doch triftige Gründe, schon die Frage nach Maschinenmoral als verfehlt aufzudecken *(Band 2, 2).* Es folgt die Analyse des Begriffs der Technik: Warum beherrscht eine geschickte Klavierspielerin eine andere „Technik“, als ein Überwachungsstaat der durch „Technik“ herrscht? Hinzu treten wesentliche Grundkonzepte der Technikethik, die über Roboter und KI im engeren Sinne hinausreichen *(Band 2, 3).* Schließlich wird auf kollektive und individuelle (System-)Verantwortung eingegangen *(Band 2, 4).* Die technische Seite wird in *Band 3 (Computer und Gesellschaft. Roboter und KI als soziale Herausforderung)* stärker in den Mittelpunkt gerückt. Detailliert wird auf Roboter, Drohnen und KI und ihre diversen Erscheinungsformen eingegangen. Systematische begriffliche Analysen und ethische Fragen weben ein Beziehungsnetz aus Fäden der Informationstechnologien und Gesellschaft das zur kritischen Diskussion einlädt. *Band 4 (Künstliche Intelligenz, Verkörperung und Autonomie. Theoretische Fragen)* stellt sich komplexeren theoretischen Fragen innerhalb der Technikethik. Es geht dabei um Wissen, Sprache(n), Verkörperung, Körper-Geist-Verhältnisse, Bewusstsein und Autonomie mit unmittelbarem Bezug zur Robotik und KI.

Conclusion

Vorliegendes Buch ist der erste Teil der vierbändigen Reihe *Grundlagen der Technikethik.* Es hat in die Roboter- und KI-Ethik als Subdisziplin der Technikethik eingeführt. Dabei kamen methodische Grundlagen der allgemeinen Ethik zum Tragen, wie sie auch für andere Felder der Technikethik gelten. In Kap. 6 ging es um Anwendungen der Roboter- und KI-Ethik im Besonderen. So liegen z. B. wichtige Aufgaben im Spektrum der Technikfolgenabschätzung – von der Politikberatung und Öffentlichkeitsarbeit bis hin zur rationalen Risikobeurteilung durch Zukunftsszenarien. Weniger stark am konkreten technischen Objekt, sondern an verbundenen Querschnittthemen orientiert sich eine darüber hinausgehende Heuristik der Arbeitsfelder und Bereiche. Entsprechend der 4 Kantischen Grundfragen nach Wissen, Sollen, Glauben und dem Menschen können Aufgaben der Roboterethik jeweils bezogen auf die Kategorien der inter- und transdisziplinären Forschung, Systemverantwortung und moralischen Werte zugeordnet werden. Zehn anschließende Brennpunktthemen umfassen Aspekte wie Vernetzung und Datensicherheit, Ersetzbarkeit des Menschen und Zweck-Mittel-Relationen politischer wie sachtechnischer Art. Sie gipfeln in der Frage: Haben wir die Roboter, die wir brauchen, und brauchen wir die Roboter, die wir haben?

Es zeigt sich, dass Roboter- und KI-Ethik ein umbrella term für eine weit verzweigte Debatte ist. Spezialisierte Untersuchungen mit engem Fokus sind anzutreffen, direkt neben sehr weitgreifenden ideologischen, politischen und globalen Betrachten mit maximal geöffneter Blende. Mit der in vorliegendem Buch angewendeten Unterscheidung von 2 Ebenen und 4 Bedeutungen lässt sich das unübersichtliche Feld ordnen. Denn es wird nicht immer methodisch sauber zwischen der ersten und zweiten Ebene unterschieden. Besonders die Bedeutungen 2 und 3 – also Moral und Ethik – verlaufen zuweilen ineinander, was zu Missverständnissen führt. Bedeutung 4 auf Ebene II – Robotergesetze als Moralkodex/Ethos – wird ebenfalls in der Diskussion nicht immer klar abgegrenzt. Dieser Missstand ist selbst Gegenstand der Debatte, wie auch die Frage, was Roboter- und KI-Ethik ist, und was sie untersucht. Populär ist der alternative Terminus der Maschinenethik, welcher genau gesehen die Ebene II ergreift und hier alle möglichen Maschinen als potenzielle moralische oder ethische Subjekte verhandelt. Die philosophische Subdisziplin der Roboterethik ringt ähnlich um ihre korrekte Bezeichnung wie der zu betrachtende Gegenstand. Denn was ein Roboter genau ist, was eine Drohne im Vergleich dazu, und was wiederum KI, und wo Grenzen und Schnittflächen zu Computern verlaufen, all das ist Teil einer offenen Kontroverse. Dementsprechend ist nicht einheitlich geregelt, was die technischen Gegenstände einer Maschinenethik von denen einer Roboterethik oder einer KI-Ethik unterscheidet. Die Grenzen sind fließend.

Entscheidend für den methodischen Ansatz vorliegender Einführung ist jedoch gar nicht das Label, also wie wir eine Sache nennen. Es geht um das, was gemeint ist. Ziel ist das methodische Freilegen einer inhaltlich sinnvollen, semantischen Orientierung jenseits syntaktischer Varianten des übergeordneten umbrella terms. Wer alles das hier Dargelegte lieber Informationsethik nennen möchte, da es ja im weiteren Sinne um Informationstechnologien geht, wird nicht wirklich falsch liegen. Bioethik oder Medizinethik im engeren Sinne ist es jedoch nicht. Im Zweifelsfall geht es um Technikethik, wobei hier ein besonderer Fokus eben auf Robotern und KI liegt. Der Zugriff auf die mannigfaltigen Probleme ist über eine Fülle von Fragen erfolgt, die jedoch nicht im Ansatz alle beantwortet wurden. Das ist zum einen typisch für Ethik und Philosophie, mit Fragen fängt alles an. Schon die richtige Frage zu finden, und in Beziehungen zu anderen zu setzen, ist ein wesentlicher Gewinn. Nachdem mit der Roboter- und KI-Ethik in vorliegendem Buch auch in die Grundlagen der allgemeinen Ethik eingeführt wurde, wenden wir uns in *Band 2* den Methoden der angewandten Ethik zur Problemlösung und Einzelfallentscheidung, also den Arbeitsschritten zur Antwortfindung zu. Hinzu treten weitere wesentliche Konzepte der Technikethik. In *Band 3* wird systematisch mit den Begriffen Roboter, Drohne, KI, Computer, Maschinenlernen, Künstliche Neuronale Netzwerke, Algorithmus etc. aufgeräumt. *Band 4* präsentiert Antwortvorschläge auf tieferliegende theoretische Fragen. Wie im vorliegenden Buch, so enthalten auch die weiteren Bände zur Übersicht und zum schnellen Nachschlagen einen Anhang einschließlich Methoden-Synopsis und Glossar. Beides wird von Buch zu Buch schrittweise weiterentwickelt, sodass sich in *Band 4* eine systematisch gefüllte Zusammenschau ergibt. Sie dient zur Orientierung und sollte nicht mit einem statischen Dogma verwechselt werden. Denn die Reihe *Grundlagen Technikethik* besteht aus Arbeitsbüchern: Seien Sie kritisch, denken Sie mit und fragen Sie weiter!

Literatur

acrai (Hg) (2018) Die Zukunft Österreichs mit Robotik und Künstlicher Intelligenz positiv gestalten. White Paper des Österreichischen Rats für Robotik und Künstliche Intelligenz. Wien, November 2018

AI HLEG (2019) Ethics Guidelines for Trustworty Artificial Intelligence. High-Level Expert Group on Artificial Intelligence. 8. April 2019. European Commission, Brüssel. [Online: https://ec.europa.eu/futurium/en/ai-alliance-consultation (30. April 2021)]

Anderson M / Anderson SL / Armen C (Hg) (2005) Machine Ethics. AAAI Press, Menlo Park CA

Anderson M / Anderson SL (Hg) (2011) Machine Ethics. Cambridge University Press, New York

Barela SJ (Hg) (2017) Legitimacy and Drones. Investigating the Legality, Morality and Efficacy of UCAVs. Routledge, London u. a.

Bartneck C / Lütge C / Wagner AR / Welsh S (2019) Ethik in KI und Robotik. Carl Hanser, München

Beever J / McDaniel R / Stanlick NA (2020) Understanding Digital Ethics. Cases and Contexts. Routledge, New York / London

Bendel O (2016a) 300 Keywords Informationsethik. Grundwissen aus Computer-, Netz- und Neue-Medien-Ethik sowie Maschinenethik. Springer, Wiesbaden

Bendel O (2016b) „Zum Begriff der Roboterethik." In Die Moral in der Maschine. Beiträge zur Roboter- und Maschinenethik. Heise, Hannover. [EPUB: ISBN 978–3–95788–058–1 (V1)]

Bendel O (2018) „Wozu brauchen wir die Maschinenethik?" In Bendel O (Hg) Handbuch Maschinenethik. Springer VS, Wiesbaden. [(DOI) https://doi.org/10.1007/978-3-658-17484-2_2-1]

Bendel O (Hg) (2018) Handbuch Maschinenethik. Springer VS, Wiesbaden. [(DOI) https://doi.org/10.1007/978-3-658-17484-2]

Biermann K / Wiegold T (2015) Drohnen. Chancen und Gefahren einer neuen Technik. Links, Berlin

Boyle M (Hg) (2019) Legal and Ethical Implications of Drone Warfare. Routledge, London u. a.

Brücher G (2017) Ethik im Drohnenzeitalter. Band 1: Tötung und Tabu. Karl Alber, Freiburg / München

Capurro R (2017) Homo Digitalis. Beiträge zur Ontologie, Anthropologie und Ethik der digitalen Technik. Springer, Wiesbaden

Capurro R / Nagenborg M (Hg) (2009) Ethics and Robotics. Akademische Verlagsgesellschaft, Heidelberg

Coeckelbergh M (2020) AI Ethics. MIT Press, Cambridge MA / London

Coeckelbergh M / Loh J / Funk M / Seibt J / Nørskov M (Hg) (2018) Envisioning Robots in Society – Power, Politics, and Public Space. Proceedings of Robophilosophy 2018/TRANSOR 2018. February 14–17, 2018, University of Vienna, Austria. IOS Press, Amsterdam u. a.

Custers B (Hg) (2016) The Future of Drone Use. Opportunities and Threats from Ethical and Legal Perspectives. Springer, Den Haag

Decker M (2016) „Roboterethik." In Heesen J (Hg) Handbuch Medien- und Informationsethik. Metzler, Stuttgart, S 351–357

Decker M (2014) „Who is taking over? Technology Assessment of Autonomous (Service) Robots." In Funk M / Irrgang B (Hg) Robotics in Germany and Japan. Philosophical and Technical Perspectives. Peter Lang, Frankfurt a. M. u. a., S 91–110

Decker M (2007) Angewandte interdisziplinäre Forschung in der Technikfolgenabschätzung. Graue Reihe Nr. 41. Europäische Akademie, Bad Neuenahr-Ahrweiler

Decker M / Gutmann M (Hg) (2012) Robot- and Informationethics. Some Fundamentals. LIT, Münster

Di Nucci E / Santoni de Sio F (Hg) (2018) Drones and Responsibility. Legal, Philosophical and Socio-Technical Perspectives on Remotely Controlles Weapons. Routledge, London u. a.

Fleck L (1980) Entstehung und Entwicklung einer wissenschaftlichen Tatsache. Einführung in die Lehre vom Denkstil und Denkkollektiv. Suhrkamp, Frankfurt a. M.

Floridi L / Sanders J (2004) „On the Morality of Artificial Agents." In Minds and Machines 14 (2004), 349–379. [(DOI) https://doi.org/10.1023/B:MIND.0000035461.63578.9d (30. April 2021)]

Floridi L (2015) Die 4. Revolution. Wie die Infosphäre unser Leben verändert. Suhrkamp, Berlin

Ford M (2016) The Rise of The Robots. Technology and the Threatment od Mass Unemployment. Oneworld Publications, London

Frauenberger C (2020) „Die Verhandlung technologischer Zukünfte." In Hengstschläger M / Rat für Forschung und Technologieentwicklung (Hg) Digitaler Wandel und Ethik. ecowin, Elsbethen, S 324–343

Fuchs T (2020) Verteidigung des Menschen. Grundfragen einer verkörperten Anthropologie. Suhrkamp, Frankfurt a. M.

Funk M (2015) „Philosophie der Technik zwischen Paläoanthropologie und Evolutionsbiologie. Ein Beitrag zum Methodenproblem transdisziplinärer Forschung." In Ders. (Hg) ‚Transdisziplinär' ‚Interkulturell'. Technikphilosophie nach der akademischen Kleinstaaterei. Königshausen & Neumann, Würzburg, S 135–158

Funk M (2017) „Drohnen und sogenannte 'autonom-intelligente' Technik im Kriegseinsatz. Philosophische und ethische Fragestellungen." In Funk M / Leuteritz S / Irrgang B (Hg) Cyberwar @ Drohnenkrieg. Neue Kriegstechnologien philosophisch betrachtet. Königshausen & Neumann, Würzburg, S 163–193

Funk M (2020) „What Is Robot Ethics? …And Can It Be Standardized?" In Nørskov M / Seibt J / Quick OS (Hg) Culturally Sustainable Social Robotics. Proceedings of Robophilosophy 2020. August 18–21, 2020, Aarhus University and online. (Frontiers in Artificial Intelligence and Applications, 335). IOS Press, Amsterdam u. a., S 469–480

Funk M / Frauenberger C / Reichl P (2020) „Vom künstlichen Leben zur Lebenskunst – Was die Ethik digitaler Bildung von ökologischer Verantwortung lernen kannin." In Medienimpulse, Bd. 58, Nr. 03 (2020). (Online first 20. September 2020) [(DOI) https://doi.org/10.21243/mi-03-20-17] [open access]

Funk M / Irrgang B (Hrsg) (2014) Robotics in Germany and Japan. Philosophical and Technical Perspectives. Peter Lang, Frankfurt am Main u. a. [(DOI) https://doi.org/10.3726/978-3-653-03976-4] [open access]

Funk M / Leuteritz S / Irrgang B (Hg) (2017) Cyberwar @ Drohnenkrieg. Neue Kriegstechnologien philosophisch betrachtet. Königshausen & Neumann, Würzburg

Gellers JC (2021) Rights for Robots. Artificial Intelligence, Animal and Environmental Law. Routledge, New York / London

Gethmann CF / Grunwald A (1996) Technikfolgenabschätzung. Konzeptionen im Überblick. Graue Reihe Nr. 1. Europäische Akademie, Bad Neuenahr-Ahrweiler

Grimm Petra / Keber TO / Zöllner O (Hg) (2019) Digitale Ethik. Leben in vernetzten Welten. Reclam, Stuttgart

Grunwald A (2012) Technikzukünfte als Medium von Zukunftsdebatten und Technikgestaltung. KIT Scientific Publishing, Karlsruhe

Grunwald A (Hg) (1999) Rationale Technikfolgenbeurteilung. Konzeption und methodische Grundlagen. Springer, Berlin / Heidelberg

Gunkel D (2018) Robot Rights. MIT Press, Cambridge MA

Heesen J (Hg) (2016) Handbuch Medien- und Informationsethik. Metzler, Stuttgart

Hengstschläger M / Rat für Forschung und Technologieentwicklung (Hg) (2020) Digitaler Wandel und Ethik. ecowin, Elsbethen

Hofstetter Y (2019) Der unsichtbare Krieg. Wie die Digitalisierung Sicherheit und Stabilität in der Welt bedroht. Droemer, München

Hofstetter Y (2016) Das Ende der Demokratie. Wie die Künstliche Intelligenz die Politik übernimmt und uns entmündigt. Bertelsmann, München

Kuhn T (2001) Die Struktur wissenschaftlicher Revolutionen. Suhrkamp, Frankfurt a. M.

Leben D (2019) Ethics for Robots. How to Design a Moral Algorithm. Routledge, New York / London

Lenk H (2017) „Verantwortlichkeit und Verantwortungstypen. Arten und Polaritäten." In Heidbrink L et al. (Hg) Handbuch Verantwortung. Springer, Wiesbaden, S 57–84

Lin P (2012) „Introduction to Robot Ethics." In Lin P / Abney K / Bekey GA (Hg) Robot Ethics. The Ethical and Social Implications of Robotics. MIT Press, Cambridge / London, S 3–15

Lin P / Abney K / Bekey GA (Hg) (2012) Robot Ethics. The Ethical and Social Implications of Robotics. MIT Press, Cambridge / London

Lin P / Jenkins R / Abney K (Hg) (2017) Robot Ethics 2.0. From Autonomous Cars to Artificial Intelligence. Oxford University Press, New York

Loh J (2018) „Maschinenethik und Roboterethik." In Bendel O (Hg) Handbuch Maschinenethik. Springer VS, Wiesbaden

Loh J (2019) Roboterethik. Eine Einführung. Suhrkamp, Frankfurt a. M.

Lorenz Sorgner S (2016) Transhumanismus. „Die gefährlichste Idee der Welt !?" Herder, Freiburg / Basel / Wien

Lorenz Sorgner S (2018) „Was wollen Transhumanisten?" In Göcke BP / Meier-Hamidi F (Hg) Designobjekt Mensch. Die Agenda des Transhumanismus auf dem Prüfstand. Herder, Basel / Freiburg / Wien, S 153–179

Maio G (2017) Mittelpunkt Mensch. Ethik in der Medizin. Ein Lehrbuch. Mit einer Einführung in die Ethik der Pflege. 2. Auflage. Schattauer, Stuttgart

Misselhorn C (2018) Grundfragen der Maschinenethik. Reclam, Stuttgart

Mittelstraß Jürgen (2007) Methodische Transdisziplinarität – Mit der Anmerkung eines Naturwissenschaftlers. In LIFIS ONLINE, 05.11.07. [Online: http://www.leibniz-institut.de/archiv/mittelstrass_05_11_07.pdf (30. April 2021)] [Zuerst erschienen in: Technologiefolgenabschätzung – Theorie und Praxis Nr. 2, 14. Jg., Juni 2005, S. 18–23.]

Mittelstraß J (2003) Transdisziplinarität – wissenschaftliche Zukunft und institutionelle Wirklichkeit. Konstanzer Universitätsreden. UVK, Konstanz

Moore JH (2006) „The Nature, Importance, and Difficulty of Machine Ethics." IEEE Intelligent Systems July 2006, S. 18–21. [(DOI) https://doi.org/10.1109/MIS.2006.80]

Nida-Rümelin J / Battaglia F (2018) „Mensch, Maschine und Verantwortung." In Bendel O (Hg) Handbuch Maschinenethik. Springer VS, Wiesbaden. [(DOI) https://doi.org/10.1007/978-3-658-17484-2_5-1]

Nida-Rümelin J / Weidenfeld N (2018) Digitaler Humanismus. Eine Ethik für das Zeitalter der Künstlichen Intelligenz. Piper, München

Nourbakhsh IR (2013) Robot Futures. MIT Press, Cambridge MA / London

Nørskov M (2016) „Editor´s Preface." In Ders. (Hg) Social Robots. Boundaries, Potential, Challenges. Ashgate, Farnham / Burlington

Nørskov M / Seibt J / Quick OS (Hg) (2020) Culturally Sustainable Social Robotics. Proceedings of Robophilosophy 2020. August 18–21, 2020, Aarhus University and online. (Frontiers in Artificial Intelligence and Applications, 335). IOS Press, Amsterdam u. a.

Ramge T (2019) Mensch und Maschine. Wie Künstliche Intelligenz und Roboter unser Leben verändern. Reclam. Reclam, Stuttgart

Rath M (2019) „Zur Verantwortungsfähigkeit künstlicher 'moralischer Akteure'. Problemanzeige oder Ablenkungsmanöver?“ In Rath M / Krotz F / Karmasin M (Hg) Maschinenethik. Normative Grenzen autonomer Systeme. Springer VS, Wiesbaden, S 223–242

Rath M / Krotz F / Karmasin M (Hg) (2019) Maschinenethik. Normative Grenzen autonomer Systeme. Springer VS, Wiesbaden

Reichl P / Welzer H (2020) „Achilles und die digitale Schildkröte. Thesen zu einer Digitalen Ökologie.“ In Hengstschläger M / Rat für Forschung und Technologieentwicklung (Hg) (2020) Digitaler Wandel und Ethik. ecowin, Elsbethen, S 36–60

Ricken F (2013) Allgemeine Ethik. Fünfte, überarbeitete und ergänzte Auflage. Kohlhammer, Stuttgart

Ritz J (2018) Mobilitätswende – autonome Autos erobern unsere Straßen. Ressourcenverbrauch, Ökonomie und Sicherheit. Springer VS, Wiesbaden

Rötzer F (Hg) (2016) Programmierte Ethik. Brauchen Roboter Regeln oder Moral? Heise, Hannover. [EPUB: ISBN 978–3–95788–081–9]

Sandvik KB / Jumbert MG (Hg) (2018) The Good Drone. Routledge, London u. a.

Schwab K (2016) Die Vierte Industrielle Revolution. Pantheon, München

Seibt J (2014) „Introduction.“ In Seibt J / Hakli R / Nørskov M (Hg) Sociable Robots and the Future of Social Relations. Proceedings of Robo-Philosophy 2014. IOS Press, Amsterdam u. a.

Seibt J / Nørskov M / Andersen SS (Hg) (2016) What Social Robots Can and Should Do. Proceedings of Robophilosophy 2016/TRANSOR 2016. IOS Press, Amsterdam u. a.

Seibt J / Hakli R / Nørskov M (Hg) (2014) Sociable Robots and the Future of Social Relations. Proceedings of Robo-Philosophy 2014. IOS Press, Amsterdam u. a.

Simonis G (Hg) (2013) Konzepte und Verfahren der Technikfolgenabschätzung. Springer, Wiesbaden

Spiekermann S (2019) Digitale Ethik. Ein Wertesystem für das 21. Jahrhundert. Droemer, München

Standing G (2015) Prekariat. Die neue explosive Klasse. Unrast, Münster

Strutynski P (Hg) (2013) Töten per Fernbedienung. Kampfdrohnen im weltweiten Schattenkrieg. Promedia, Wien

Trappl R (Hg) (2015) A Construction Manual for Robots' Ethical Systems. Requirements, Methods, Implementations. Springer, Cham u. a.

Veruggio G (2005) „The Birth of Roboethics.“ ICRA 2005, IEEE International Conference on Robotics and Automation, Workshop on Roboethics [Online: http://www.roboethics.org/icra2005/ (30.04.2021)]

Veruggio G (2006) EURON ROBOETHICS ROADMAP. Release 1.1 (July 2006). EURON Roboethics Atelier Genoa, 27th of February – 3rd of March, 2006 [Online: http://www.roboethics.org/atelier2006/docs/ROBOETHICS%20ROADMAP%20Rel2.1.1.pdf (30.04.2021)]

Veruggio G / Abney K (2012) „Roboethics. The Applied Ethics for a new Science.“ In Lin P / Abney K / Bekey GA (Hg) Robot Ethics. The Ethical and Social Implications of Robotics. MIT Press, Cambridge / London, S 347–363

Wallach W / Allen C (2009) Moral Machines. Teaching Robots Right from Wrong. Oxford University Press, Oxford u. a.

Weber K (2019) „Autonomie und Moralität als Zuschreibung. Über die begriffliche und inhaltliche Sinnlosigkeit einer Maschinenethik.“ In Rath M / Krotz Fv/ Karmasin M (Hg) Maschinenethik. Normative Grenzen autonomer Systeme. Springer VS, Wiesbaden, S 193–208

Woopen C / Jannes M (Hg) (2019) Roboter in der Gesellschaft. Technische Möglichkeiten und menschliche Verantwortung. Springer, Berlin / Heidelberg

Zoglauer T (2017) Ethische Konflikte zwischen Leben und Tod. Über entführte Flugzeuge und selbstfahrende Autos. Der blaue Reiter, Hannover

Zuboff S (2018) Das Zeitalter des Überwachungskapitalismus. Campus, Frankfurt a. M.

Methoden-Synopsis *Grundlagen der Technikethik Band 1*

Technikethik, Roboterethik und KI-Ethik sind gelebte Transdisziplinarität – also mühsam, mutig, kommunikativ und problemorientiert. Transdisziplinäres Arbeiten setzt disziplinäre Methoden voraus. Diese umfassen Verfahren der Sprachkritik (I.), der Technikanalyse und -bewertung (II.), normativen Reflexion allgemeiner und angewandter Ethik (III.) sowie der Methodenreflexion und Erkenntniskritik (IV.). Transdisziplinäre Methoden sind iterativ/rekursiv angelegt und zielen auf fachübergreifende Integration durch Teamarbeit und gemeinsames voneinander sowie miteinander Lernen. Iteration meint das mehrmalige problemorientierte, offene und nichtdogmatische Durchlaufen einzelner Methoden. Es könnte auch von Feedbackloops oder in einer technischen Metapher von „epistemischen Regelkreisen" gesprochen werden. Die folgende Heuristik ist darum nicht als strenge Stufenfolge zu verstehen, die einmalig genauso zu absolvieren wäre. Sie fasst methodische Schritte zusammen, die je nach Situation komplett oder einzeln, in beliebiger Reihenfolgen nacheinander oder parallel durchlaufen werden. Zum Beispiel wechselwirken Sprachkritik (I.) und Technikanalyse (II.) miteinander, insofern das Finden einer präzisen Wortwahl, als auch das analytische Identifizieren eines Objekts und Konflikts miteinander zusammenhängen. In *Band 2, Band 3* und *Band 4* werden wir sie weiterentwickeln. Sie ist eine Heuristik zur praktischen Orientierung, jedoch keine Enzyklopädie oder Universalmethode. Erinnern wir uns: Es gibt keinen Newton der Metaethik, sondern es herrscht Methodenpluralismus vor *(Band 1, 4.5; 4.6)*. In folgender Übersicht werden also Faustregeln präsentiert und geordnet. Greifen Sie im Werkzeugkasten zu! Je nach Situation, Fragestellung, Bedürfnissen der Teamarbeit etc. wird das praktisch zu unterschiedlichen Problemlösungsprozessen und Rekursionsschritten führen:

M. Funk, *Roboter- und KI-Ethik*, https://doi.org/10.1007/978-3-658-34666-9

I. Sprachkritik: Eine (gemeinsame) präzise und klare Sprache finden

1. Beachten Sie die Mehrdeutigkeit von Worten und finden Sie möglichst klare Bezeichnungen dessen, worüber gesprochen wird!

- Finden und analysieren Sie hierzu Schlüsselbegriffe hinsichtlich ihrer verschiedenen Bedeutungen und Gebrauchsweisen. Entwerfen Sie Übersichten, aus denen die inhaltlichen Beziehungen der Wortbedeutungen im größeren Zusammenhang ersichtlich werden. Visualisieren Sie auch den verschiedenen Gebrauch von Worten und Bedeutungen in transdisziplinären Arbeitsgruppen: Wann ist mit dem gleichen Wort etwas Unterschiedliches gemeint? Wann ist das Gemeinte mit unterschiedlichen Worten bezeichnet? Schließt ein Begriff andere ein oder aus? Für welche Vereinheitlichung wird sich entschieden?
- Zum Beispiel: „Roboterethik" und „KI-Ethik" sind mehrdeutige Begriffe. Klären Sie, ob damit die Wissenschaft von der Moral (Ethik) gemeint ist oder ein konkreter Lebensstil mit normativen Überzeugungen (Moral) oder die Kodifizierung moralischer Regeln (Ethos) und ob Sie dabei an menschliche Akteurinnen denken (Ebene I) oder an Maschinen, die „ethisch" sind (Ebene II): *Band 1, 2* bis *Band 1, 5;* Abb. Band 1, 3; Tab. Band 1, 6.2
- Weitere Beispiele relevanter mehrdeutiger Worte:
  - „Autonomie": *Band 4, 5*
  - „Drohne": *Band 3, 3*
  - „Ethik": *Band 1, 4*
  - „künstliche Intelligenz": *Band 3, 4*
  - „Leben": *Band 1, 3.1; Band 1, 3.2*; Abb. Band 1, 3.1; Abb. Band 1, 3.2
  - „Natur" und „Kultur": *Band 1, 3.3*; Abb. Band 1, 3.3
  - „Sprache": *Band 4, 2*
  - „Technik": *Band 2, 3.2*
  - „Roboter": *Band 3, 1; Band 3, 2*
  - „Verkörperung" als mehrdeutiger „Körper" (physisch: „embodied AI"): *Band 4, 3*
  - „Verkörperung" als mehrdeutige „Vermenschlichung" (bildlich: „Anthropomorphisierung"): *Band 3, 2.1*
  - „Wissen": *Band 4, 1*

2. Unterscheiden Sie normativ-wertendes Sprechen von deskriptiv-beschreibendem!

- Zum Beispiel: Ein „guter" Hammer (deskriptiv: Beschreibung eines nützlich und effizient gearbeiteten, langlebigen, stabilen Werkzeugs) ist kein „guter" Handwerker (deskriptiv: Beschreibung eines geschickt arbeitenden und darum instrumentell nützlichen Fachmanns) ist wiederum kein „guter“ Handwerker (normativ: wertendes Lob eines Handwerkers, der Holzspielzeug baut und es Weihnachten an Waisenkinder verschenkt). Vermeiden sie naturalistische Fehlschlüsse: *Band 1, 4.6*

- Dementsprechend wird unterschieden zwischen deskriptiver Ethik, wo moralisches Handeln beschrieben wird, und normativer Ethik, wo moralisches Handeln bewertet wird. Führen sie sich vor Augen, wann Sie um Worte ringen, um Verhaltensweisen in eine sprachliche Form zu bringen und wo Sie nach Argumenten suchen, um eine solche als geboten oder verboten auszuweisen: *Band 1, 4.1; Band 1, 4.7;* Abb. Band 1, 5.1
- Leiten Sie in der normativen Ethik ein Sollen stets aus einer Norm, nicht aus einer Tatsachenbeschreibung ab. Vermeiden Sie den Sein-Sollen-Fehlschluss: *Band 1, 4.6*

3. Erkennen Sie Umdeutungen von Worten und machen Sie diese sichtbar!

- Sprachliche Umnutzung ereignet sich z. B. überall dort, wo wir über Maschinen sprechen, als ob sie menschlich wären. Beispiel: „Ein netter, höflicher Roboter.“ Vermeiden Sie anthropomorphe Fehlschlüsse: *Band 1, 4.6*
- Oder dort, wo wir über Menschen sprechen, als ob sie Maschinen wären. Beispiel: „Das Kind funktioniert nicht, es hat eindeutig einen Schaltfehler im Kopf und wird seinen Zweck nie erfüllen.“ Vermeiden Sie robomorphe Fehlschlüsse: *Band 1, 4.6*

4. Kennzeichnen Sie metaphorische und analogische Redeweisen!

- Beispiel: „Metaphorisch nenne ich dieses Auto frei, weil mir andere Worte fehlen, um die Funktionsweise zu beschreiben.“ (Das Wort „frei“ wurde metaphorisch umgedeutet. Der methodische Anspruch liegt darin, sich dessen bewusst zu sein und darum nicht unabsichtlich falsche Bedeutungen bei der Beschreibung eines Autos mitzuziehen: Es ist also nicht frei wie ein Mensch nur weil es frei genannt wird.)
  - *Warum Maschinen nicht im normativen Sinne „frei“ sind und welche Grade technischer Autonomie sich unterscheiden lassen, erfahren Sie in Band 4, 1.1; Band 4, 5*

II. Technikanalyse: Ein Problem identifizieren

1. Beachten Sie die Mehrdeutigkeit von Technik und legen Sie einen möglichst klaren Fokus auf das, was mit einer Technik gemacht wird!

- Es gibt nicht DIE EINE Technik. Um welche Technik geht es konkret? Was kennzeichnet sie im Verhältnis zu anderen Techniken? Mit welchen Worten sprechen wir über eine konkrete Technik (siehe oben I.1.)?
  - *Welche Arten der Technik es gibt, erfahren Sie in Band 2, 3.*
- In der Technikethik stehen technische Handlungen mit all ihren unberechenbaren Windungen menschlichen Kulturlebens im Mittelpunkt.
  - *Charakteristika technischen Handelns lernen Sie kennen in Band 2, 3.3; Band 2, 3.4*
- Analysieren Sie hierzu verschiedene Perspektiven technischer Praxis und ordnen Sie diese einer konkreten Technik in einer konkreten Situation zu.
  - *Welche Perspektiven das sind und wie das geht erfahren Sie in Band 2, 3.1; Band 2, 4*

2. Identifizieren Sie das ethische Problem bzw. den ethisch relevanten moralischen Konflikt!

- Moralische Probleme sind nicht immer offensichtlich, lauern zuweilen in unerwarteten Details oder werden von anderen Fragen überdeckt. Verschaffen Sie sich einen detaillierten Überblick möglicher moralischer Probleme im Umgang der zu betrachtenden Technik. Nutzen Sie hierzu die Perspektiven technischer Praxis (siehe oben II.1.).
  - Beispiel: Das ethische Problem des Kaffeetrinkens könnte in der Produktion gesehen werden (fairer Handel, Wasserverbrauch etc.), aber auch in der Entsorgung (nicht bei losem Kaffeesatz der sich als Dünger umnutzen lässt, jedoch bei Aluminiumkapseln).
- Nähern Sie sich durch das kreative Formulieren allgemeiner, konkreter und spezifischer Fragen an. Zerlegen Sie die jeweiligen Fragen wiederum in Komponenten. Dabei helfen Querschnittthemen (Beispiel: Datenschutz, der fast sämtliche Informationstechnologien betrifft) und deren Verbindungen (Beispiel: Datenschutz ist verbunden mit Datensicherheit): *Band 1, 4.7; Band 1, 6.2*
  - *Einen erweiterten Problemaufriss der Technikethik lernen Sie kennen in Band 2, 5*
- Moralische Probleme sind häufig an Wertkonflikten zu erkennen.
  - Beispiel: Was ist wichtiger, Datenschutz oder physische Sicherheit (wo eine Maschine Daten ihrer Umgebung erfassen, verarbeiten und speichern muss, um physische Kollisionen mit Menschen zu vermeiden)?

- Bei der Beschreibung moralischer Standpunkte, die eventuell in Konflikt geraten (deskriptive Ethik) kann die Unterscheidung von Anthropozentrik, Biozentrik, Physiozentrik, Technozentrik und Robozentrik als Schablone dienen: *Band 1, 3.1; Band 1, 3.2;* Abb. Band 1, 3.1; Abb. Band 1, 3.2
- Nicht jeder moralische Konflikt ist ethisch relevant und muss sofort wissenschaftlich beurteilt werden. Identifizieren Sie moralische Probleme und grenzen Sie diese entsprechend ihrer ethischen Brisanz ein.
  - Beispiel: Die Ästhetik eines Atomkraftwerks könnte ein moralisches Problem sein, wenn es um die nachhaltige Gestaltung schöner und lebenswerter Stadtbilder geht. Jedoch wird dieses Problem in seiner ethischen Relevanz durch Fragen der Risiken und Sicherheit sowie der Endlagerung von Atommüll überstrahlt.
- Vermeiden Sie den moralistischen Fehlschluss – also ethische oder moralische Probleme zu konstruieren, wo es gar keine gibt: *Band 1, 4.7*
- Trennen Sie moralische von außermoralischen (Wert-)Urteilen: *Band 1, 3.4*

III. Technikbewertung durch normative Reflexion allgemeiner und angewandter Ethik: Eine Problemlösung erarbeiten

1. Argumentieren Sie rational mit wissenschaftlichem Anspruch (allgemeine Ethik)!

- Greifen Sie auf Argumentationsangebote etablierter Ansätze der allgemeinen normativen Ethik zurück. Drei wichtige Beispiele – neben anderen wie Tugendethik oder Klugheitsethik – sind deontologische Ethik, Utilitarismus und Diskursethik: *Band 1, 4.2* bis *Band 1, 4.4*
- Bei der Überprüfung der Qualität moralphilosophischer Ansätze kann ein Blick auf die Umsetzung der Kriterien ethischer Theorien helfen: *Band 1, 4.5*
- Vermeiden sie Fehlschlüsse: *Band 1, 4.6*
- Bei der Bildung gestufter, gradualistischer Problemlösungen (normative Ethik) kann die Unterscheidung von Anthropozentrik, Biozentrik, Physiozentrik, Technozentrik und Robozentrik als Schablone dienen (siehe oben II.2.): *Band 1, 3.1; Band 1, 3.2;* Abb. Band 1, 3.1; Abb. Band 1, 3.2

2. Verfahren Sie anwendungsorientiert mit Blick für den Einzelfall (angewandte Ethik)!

- Beachten Sie das sinnliche Leben, integrieren Sie ethisch relevantes empirisches Wissen sowie relevante empirische Beobachtungen, Kriterien und Tatsachen: *Band 1, 4.7*

  - *Wie das geht, ohne einem Sein-Sollen-Fehlschluss zu erliegen, erfahren Sie in Band 2, 1; Band 2, 2*
- Verfahren Sie einzelfallorientiert stufenweise auf 4 Wegen der Kasuistik, logisch ableitend und analogisch vergleichend jeweils bottom-up und top-down.
  - *Wie das genau funktioniert erfahren Sie in Band 2, 1; Band 2, 2*
- Ziehen Sie Ethikkodizes zu Rate – aber überprüfen Sie diese auch stets kritisch, denn ein Ethos/Kodex ist ja nur eine Standardisierung moralischer Sätze und muss nicht das Resultat einer wissenschaftlichen, rationalen Argumentation und Prüfung sein. Quellenkritik ist hier besonders wichtig, da die Veröffentlichung bloß interessen- oder marketinggetriebener Ethikkodizes ohne Sachverstand keine Seltenheit darstellt: *Band 1, 5;* Abb. Band 1, 5.1

IV. Methodenreflexion und Erkenntniskritik: Das eigene Vorgehen, Annahmen sowie Resultate skeptisch hinterfragen, prüfen und weiterentwickeln

1. Technikethik, Roboterethik und KI-Ethik ist angewandte methodisch-sprachkritische Anthropozentrik

- Menschen und deren Handlungen stehen im Mittelpunkt, nicht nur aus ethischen oder moralischen, sondern auch aus methodischen Gründen
  - *Warum das so ist erfahren Sie in Band 2.2*

2. Beachten Sie die erkenntnis- und wissenschaftstheoretische Unterscheidung zwischen Genese (Tatsachenbehauptung) und Geltung (Rechtfertigung der Tatsachenbehauptung)!

- *Was das bedeutet und warum erfahren Sie in Band 4, 1.1; Band 4, 5.1*
- Dies entspricht der metaethischen Unterscheidung deskriptiven und normativen Sprechens (siehe oben I.2.)

3. Hinterfragen Sie Ihr Vorgehen!

- Haben wir die Methoden/Erkenntnisse/Probleme, die wir brauchen, und brauchen wir die Methoden/Erkenntnisse/Probleme, die wir haben?
- Welchen Standpunkt nehmen wir ein, mit welcher Perspektive wenden wir uns einem ethischen Problem zu?
- Was ist mein Vorurteil?

4. Fragen Sie grundsätzlich weiter!

- Ist Ethik bloß die Wissenschaft von der Moral oder nicht doch sogar eher eine Lebenskunst oder Klugheitslehre? Wenn ja, wie wissenschaftlich ist sie dann?
- Was ist in der Ethik wichtiger, Erfahrung oder Methode?
- Warum wird Ethik von Menschen für Menschen gemacht? Könnte sich das durch Maschinen nicht so grundsätzlich ändern, dass auch unsere Methoden in der Technikethik obsolet werden?
- Was wurde nicht gesagt, gedacht oder versucht?

Glossar *Grundlagen der Technikethik Band 1*

Vorliegendes Glossar versammelt ausgewählte Schlüsselbegriffe nach Themen geordnet. Es beginnt mit Grundbegriffen der *Ethik und Moral,* gefolgt von denen der *Technikethik, Roboterethik und KI-Ethik.* Die nächsten Gruppen umfassen Termini zu den Themen *Technik, Technologie und Ingenieur,* dann *Technische Praxis/technisches Handeln* und anschließend *Entwicklung und Geschichte.* Zuletzt folgt der Themenblock *Roboter und künstliche Intelligenz.* Vorliegendes Glossar wird in den weiteren Bänden der Reihe *Grundkurs Technikethik* übernommen und Schritt für Schritt erweitert. Da die technischen Termini erst in *Band 3* vertieft behandelt werden, bleibt das Glossar in *Band 1* und *Band 2* noch recht ethik- und weniger techniklastig.

Ethik und Moral

Angewandte Ethik ist praktisches, am Einzelfall moralischer Konflikte orientiertes Problemlösen unter Handlungs- und Entscheidungsdruck. Es geht also darum, mit Unsicherheiten in konkreten Situationen umgehen zu können und nicht primär um die perfekte ethische Theorie. Angewandte Ethik wird auch als Bereichsethik(en) angesprochen, da sie verschiedene Problemfelder mit je eigenen Herausforderungen und Konzepten umfasst (Beispiel: Tierschutzethik, Medizinethik, Umweltethik, Technikethik etc.). Sie ist seit den 1970er- Jahren als Reaktion auf ökologische, medizinische und technische Problemlagen sowie lebensferne Spezialisierungen innerhalb der neuzeitlichen europäischen Ethik entstanden. Dabei kann sie sich auch auf vormoderne und außereuropäische Traditionen der Ethik als Klugheitslehre und praktischen Lebensweisheit berufen – jedoch nicht ohne ihren neuzeitlich-wissenschaftlichen Anspruch einzubüßen (*Band 1, 2.1;* Band 2, 1; Band 2, 2; Abb. Band 1, 2.1).

Deskriptive Ethik ist die Wissenschaft von der Explikation und Beschreibung von Moral (*Band 1, 4.1;* Abb. Band 1, 5.1).

Ethik bzw. Moralphilosophie ist die Wissenschaft von Moral (*Band 1, 2; Band 1, 4.1;* Abb. Band 1, 2.1; Abb. Band 1, 3).

M. Funk, *Roboter- und KI-Ethik,* https://doi.org/10.1007/978-3-658-34666-9

Ethos bzw. Moralkodex bezeichnet die Standardisierung moralischer Normen durch schriftlich, aber auch mündlich überlieferte Formulierungen. Diese sind in sprachliche und moralische Lebensformen eingebettet, die ebenfalls überliefert werden und einem Ethos überhaupt erst Sinn verleihen (Beispiel: der Hippokratische Eid als Standeskodex für die Berufsgruppe der Ärzte). Wird ein Ethos neu verfasst, hängt sein Erfolg davon ab, ob sich die Formulierungen praktischen Leben umsetzen lassen und in gelingenden Lebensformen bewähren. Sonst droht es zum inhaltsleeren Lippenbekenntnis zu verkommen. Ein Ethos kann das Resultat ethischer Arbeit sein, aber auch einfach nur die unhinterfragte Kodifizierung moralischer Normen meinen. Es ist nicht rechtlich bindend, kann aber Gesetzgebung und Rechtsprechung beeinflussen sowie zu weiteren sozialen Sanktionen wie dem Ausschluss aus Gemeinschaften führen (*Band 1, 5.1;* Abb. Band 1, 3; Abb. Band 1, 5.1).

Moral bzw. Sitte beschreibt Verhaltensnormen innerhalb menschlicher Lebensstile. Diese umfassen Gebote und Verbote, Überzeugungen oder Orientierungen, drücken sich in Sanktionen, Ritualen, Gewohnheiten, (moralischen) Urteilen oder Institutionen menschlichen Handelns aus. Sie ist eines der wesentlichen Kennzeichen menschlichen Sozialverhaltens, sowohl in Bezug zu anderen Personen als auch in Bezug zu natürlichen und kulturellen Umwelten. Es gibt nicht die eine perfekte Moral, sondern viele verschiedene normative Lebensstile, die sich teils diametral entgegenstehen können (Beispiel: der moralische Wert politischer Freiheit und Mitbestimmung jeder Einzelnen wird nicht in allen Gesellschaften gleichermaßen anerkannt und gelebt, was zu gewaltsamen Konflikten führen kann). Wir sind uns unserer Moral meist nicht bewusst. In der deskriptiven Ethik ist Moral der Gegenstand beschreibender wissenschaftlicher Forschungen, in der normativen Ethik der wertenden, rationalen Reflexion. Durch Kodizes werden moralische Verhaltensnormen explizit und standardisiert festgeschrieben (*Band 1, 3.4;* Abb. Band 1, 3; Abb. Band 1, 5.1).

Normative Ethik ist die Wissenschaft von der Moral, insofern diese nicht bloß beschrieben, sondern reflektiert und rational bewertet wird (*Band 1, 4.1;* Abb. Band 1, 5.1).

(Wert-)Urteil bezeichnet in der Moral die praktische, nicht unbedingt reflektierte oder ausgesprochene Entscheidungsfindungen innerhalb menschlicher Lebensstile. Sie basieren auf Gewohnheiten, Gefühlen, Intuitionen, Erfahrungen, Erziehung, Glauben etc. Häufig dienen moralische Urteile zur Bewertung der Handlungen anderer Menschen. Sie werden als unabhängig von Interessen und Zwecken, universell und allgemeingültig angesehen. Der mitschwingende Anspruch auf Allgemeingültigkeit kann zu starken Konflikten führen, wenn mit verschiedenen Lebensstilen auch verschiedene moralische Urteile der gleichen Handlung aufeinander prallen. (Beispiel: Was ein Pädophiler aus seiner moralischen Sicht als erlaubt beurteilen könnte, wird in den moralischen Urteilen anderer resolut verboten und unter Strafe gestellt.) Ethische Urteile sind Entscheidungen, Gebote, Verbote, Argumente, Abwägungen oder Handlungsempfehlungen die explizit ausgesprochen und hinsichtlich ihrer Annahmen, Motive, Interessen, Folgen etc. rational durchdacht werden. (Beispiel: Die rationale Begründung dafür, dass Pädophilie streng und ausnahmslos zu verbieten ist – auch wenn das Betroffene moralisch anders sehen mögen.) *(Band 1, 3.4):*

- **spezielles (Wert-)Urteil:** auf den Umgang in einer konkreten Situation gerichtet
  - **spezielles moralisches Urteil:** „Jetzt sollte ich … … mit dem Hammer sehr vorsichtig sein …"
  - **spezielles ethisches Urteil:** „… denn ich darf jetzt, heute, hier anderen Menschen nicht schaden. Das ist so, weil …"
- **allgemeines (Wert-)Urteil:** auf generelle, situationsübergreifende Handlungen gerichtet;
  - **allgemeines moralisches Urteil:** „Alle Menschen sollten…/Wir sollten immer … … beim Gebrauch von Werkzeugen auf die Sicherheit achten …";
  - **allgemeines ethisches Urteil:** „… denn alle Menschen/wir dürfen anderen Menschen nicht schaden. Das ist immer so, weil … … Es gibt aber auch Ausnahmesituationen in denen für alle Menschen/uns stets durch das Recht auf Selbstverteidigung das Schädigen anderer erlaubt oder sogar geboten wird. Es gilt genau dann, wenn … … aus folgenden Gründen …"
- **außermoralisches Urteil:** auf instrumentelle Handlungen gerichtet ohne erkennbares moralisches/ethisches Problem („Hammer 1 funktioniert besser als Hammer 2 …").

Technikethik, Roboterethik und KI-Ethik

Agent/agens/Akteur bezeichnet Menschen, die etwas aktiv ausführen oder das Potenzial dazu besitzen:

- **moral agent/moralischer Akteur:** Menschen, die moralisch handeln und moralische Werte zuschreiben (bis auf seltene, strittige Ausnahmen jeder Mensch) *(Band 1, 3.4);*
  - **artificial/robotic moral agent:** moralfähige Maschine (unklarer Begriff);
- **ethical agent/ethischer Akteur:** Menschen, die ethisch handeln (deskriptiv und/oder normativ) und ethische Bedeutung zuschreiben (potenziell jeder Mensch) *(Band 1, 4.1; Band 1, 4.7);*
  - **artificial/robotic ethical agent:** ethikfähige Maschine (unklarer Begriff);
  - **descriptive ethical agent:** Menschen die deskriptive Ethik betreiben (Beispiel: empirische Sozialforschung);
  - **artificial/robotic descriptive ethical agent:** der deskriptiven Ethik fähige Maschinen (unklarer Begriff; Beispiel: Algorithmen zur Verhaltensprognose, personalisierten Werbung etc.: Sind das technische Akteure oder Werkzeuge in den Händen menschlicher Akteurinnen?);
  - **normative ethical agent:** Menschen, die normative Ethik betreiben (Beispiel: Technikethik, wo über Moral reflektiert und rational geurteilt wird);

  - **artificial/robotic normative ethical agent:** der normativen Ethik fähige Maschinen (unklarer Begriff);
- **artificial/robotic social agent:** Maschinen, die in sozialen Relationen für, mit und durch Menschen interagieren (Beispiel: Social Robot); Schlüsselbegriff der Robophilosophy: Artificial social agents sind mehr als nur auf Moral oder Ethik beschränkte artificial moral agents oder artificial ethical agents. Dementsprechend thematisiert Robophilosophy ein breiteres Themenspektrum als Roboterethik (Ebene II, = Maschinenethik). Da jedoch soziale Handlungen zumindest bei Menschen immer moralisch – wenn auch sehr verschieden – sind, ist diese Trennung aus anthropozentrischer Sicht, also bei human social agents, nicht gegeben (Roboterethik Ebene I, = Technikethik, angewandte Ethik).

Anthropomorphismus bzw. Anthropomorphisierung ist Vermenschlichung nichtmenschlicher Dinge durch Sprache oder menschenähnliches Design. Aber auch die Formung von Umwelten und Technik durch oder für Menschen kann damit bezeichnet sein (*Band 1, 4.6; Band 3, 2.1*).

KI-Ethik bzw. AI Ethics ist 1. die Wissenschaft von der Moral im Umgang mit KI (eine Teildisziplin der Technikethik und angewandten Ethik) sowie eine Bezeichnung für 2. moralische KI, 3. ethische KI und 4. KI, die funktional Robotergesetzen folgt. 2., 3. und 4. werden auch in der Maschinenethik angesprochen. KI-Ethik wird neuerdings teilweise als Synonym, teilweise als Substitut für Roboterethik gebraucht. Dabei läuft der Unterschied zwischen beiden Konzepten auf die Frage hinaus, ob sich KI und Roboter überhaupt hinreichend präzise und trennscharf definieren lassen. Schließlich sind beides computerbasierte Technologien, die als sehr breite Sammelbegriffe eine Vielzahl konkreter Technologien mit mannigfaltigen Überschneidungen einschließen. Unabhängig davon und von ethischer Seite her betrachtet sind Roboterethik und KI-Ethik synonyme Begriffe (*Band 1;* besonders: *Band 1, 2.1; Band 1, 2.2; Band 1, 6.2; Band 1, 6.3;* Abb. Band 1, 2.1; Abb. Band 1, 2.2; Tab. Band 1, 6.2).

Maschinenethik bzw. machine ethics Sammelbegriff für Überlegungen zu artificial moral agents (moralfähiger Technik) und/oder artificial ethical agents (ethikfähiger Technik) und/oder Robotergesetzen. Sie bezieht sich auf Ebene II der Roboterethik *(Band 1, 6.3).*

Patient (englisch)/patiens/Patient (deutsch) benennt jemanden oder etwas, der oder das behandelt wird, etwas passiv erleidet, dem etwas zukommt:

- **moral patient/moralischer Wertträger:** wird ein moralischer Wert zugeschrieben, ist moralisch wertvoll und Gegenstand/Objekt moralischen Handelns (Beispiel: schützenswerte Ökosysteme) *(Band 1, 3.4);*
  - **artificial/robotic moral patient:** eine moralisch wertvolle Maschine, die eigene Rechte verdient hat (unklarer Begriff);
- **ethical patient/ethisches Objekt:** Gegenstand ethischer Reflexion/Urteilsbildung (Beispiel: 1. moralphilosophische Theorien, moralisches Leben und moralische

Konflikte, 2. moralische Akteure, 3. das, was Gegenstand moralischer Handlungen ist) *(Band 1, 4.1)*;

- **artificial/robotic ethical patient:** alle Objekte, die in der Ethik wissenschaftlich untersucht werden und ihren Ursprung nicht in menschlichen Handlungen haben (also eigentlich keine Technik mehr sind), sondern von artificial moral agents oder artificial ethical agents ausgehen (unklarer Begriff).

Robophilosophy adressiert auf Dialog und Kooperation angelegte transdisziplinäre Forschungen zu Social Robots und Mensch-Roboter-Interaktionen, die über Roboterethik als spezialisierte Disziplin hinausreichen. Zum einen sollen soziale Prozesse in ihren theoretischen, nicht nur moralischen oder ethischen, Grundlagen behandelt werden. Herausgefordert durch artificial social agents wird zum anderen eine Neuformulierung philosophischer Grundlagen angestrebt. Der Begriff wurde ab ca. 2013 von Johanna Seibt geprägt und ist durch eine gleichnamige Konferenzserie bekannt geworden *(Band 1, 6.3)*.

Roboterethik bzw. Robot Ethics/Roboethics umfasst 2 Ebenen und 4 Bedeutungen, die sich anhand der beiden Genitivformen von „Ethik der Roboter" nachvollziehen lassen:

- Ebene I (Genitivus obiectivus) ist die Wissenschaft von der Moral im Umgang mit Robotern (also eine Teildisziplin der Technikethik und angewandten Ethik), die von Menschen vollzogen wird (Bedeutung 1);
- Ebene II (Genitivus subiectivus) kennzeichnet Roboter als Subjekte der „Ethik", sie werden nicht nur als wissenschaftliche Objekte behandelt, sondern sind in sich selbst „ethisch":
  - moralisch handelnde Roboter, artificial moral agents (Bedeutung 2),
  - ethisch urteilende Roboter, artificial ethical agents (Bedeutung 3),
  - Roboter die funktional Robotergesetzen folgen (Bedeutung 4).

Entsprechend der jeweiligen Bedeutung werden verschiedene Forschungsfragen gestellt und behandelt. Ebene II ist auch Gegenstand der Maschinenethik. Roboterethik wurde ab 2004 vor allem durch Arbeiten von Gianmarco Veruggio thematisiert und hat sich seitdem zu einem international differenziert und kontrovers diskutierten Forschungsfeld entwickelt. KI-Ethik wird neuerdings teilweise als Synonym, teilweise als Substitut für Roboterethik gebraucht. Dabei läuft der Unterschied zwischen beiden Konzepten auf die Frage hinaus, ob sich KI und Roboter überhaupt hinreichend präzise und trennscharf definieren lassen. Schließlich sind beides computerbasierte Technologien, die als sehr breite Sammelbegriffe eine Vielzahl konkreter Technologien mit mannigfaltigen Überschneidungen einschließen. Unabhängig davon und von ethischer Seite her betrachtet sind Roboterethik und KI-Ethik synonyme Begriffe (*Band 1;* besonders: *Band 1, 2.1; Band 1, 2.2; Band 1, 6.2; Band 1, 6.2;* Abb. Band 1, 2.1; Abb. Band 1, 2.2; Tab. Band 1, 6.2).

Robotergesetze bzw. Asimovsche Gesetze sind für Maschinen formulierte Prinzipien, Verpflichtungen und Verbote, um deren Funktionen oder Handlungen – nur wenn sie artificial moral agents sind – zu regulieren (Ethos für Maschinen). Sie werden in menschlicher Sprache formuliert und bauen auf der Annahme einer bedeutungsgleichen Übersetzbarkeit in Maschinensprachen auf. Berühmt wurden Isaac Asimovs Robotergesetze, die in einer Version aus 3 und einer weiteren aus 4 Gesetzen überliefert sind *(Band 1, 5.3).*

(Technical) ethics guidelines sind Kodifizierungen moralischer Prinzipien, Gebote und Verbote, zur Regulierung des Umgangs mit Technik (Ethos für Menschen). Sie enthalten manchmal Hinweise zur praktischen Umsetzung und richten sich an entsprechend ausgewählte Zielgruppen (Beispiel: stakeholderorientierte Regulierung von Robotern und KI auf EU-Ebene). Sie werden von Ethikräten, Ethikkomitees oder anderen Arbeitsgruppen bzw. Gremien eigens erarbeitet – und dabei mehr oder weniger fundiert ethisch, also wissenschaftlich, geprüft. Im Regelfall sind sie an Menschen gerichtet und darum nicht mit Robotergesetzen zu verwechseln *(Band 1, 5.1; Band 1, 5.2).*

Technikethik ist die Wissenschaft von der Moral technischen Handelns. Sie weist ein breites thematisches, begriffliches, methodisches und theoretisches Spektrum auf. Im idealen Stammbaum der Wissenschaften ist sie eine Teildisziplin der angewandten Ethik, wendet sich also der ethischen Praxis abgegrenzt zur Umweltethik, Medizinethik, den Ingenieurwissenschaften oder der empirischen Sozialforschung zu. Jedoch weist sie mit inhärenten transdisziplinären Bezügen über eine bloß spezialisierte disziplinäre Nische hinaus. Paradigmatisch hierfür steht die Roboterethik, die eigentlich wiederum eine Spezialisierung der Technikethik darstellt, jedoch die transdisziplinären Radialkräfte verstärkt. Technikethik ist anthropozentrisch ausgelegt, bezeichnet also das durch Menschen vollzogene wissenschaftliche Reflektieren von technischen Handlungen, die ebenfalls von Menschen vollzogen werden (Ebene I). Durch die Roboterethik wird eine zusätzliche Ebene (II) eröffnet, in der moralische oder ethische Funktionen/Handlungen von Maschinen bezeichnet sind. Damit eröffnet sich die Option einer robozentrischen Technikethik, in welcher technische Systeme als moralische oder ethische Akteure mit Menschen auf einer Stufe stünden. Diese Option scheitert jedoch an diversen logischen, methodischen und praktischen Fehlern *(Band 1, 2; Band 1, 6; Band 2, 2; Band 2, 5).*

Verantwortung übernehmen bzw. sich verantworten meint allgemein Rede und Antwort stehen bzw. auch zu etwas stehen oder für etwas einstehen. Wer etwas nicht verantworten kann, steht nicht zu einer Handlung/Entscheidung, wird sie also weder vor sich selbst noch vor anderen rechtfertigen können, und sollte sie folglich unterlassen. Ansonsten verhält sich die entsprechende Person verantwortungslos und muss mit Konsequenzen rechnen. Verantwortung ist relationale Rechtfertigung, gekennzeichnet durch zumindest 6 verschiedene Relata *(Band 2, 4):*

1. Subjekt („Jemand ist“)
2. Objekt („für etwas“)
3. Adressat („gegenüber einem Adressaten“)
4. Instanz („vor einer Instanz“)
5. Kriterium („in Bezug auf ein präskriptives, normatives Kriterium“)
6. Bereich („im Rahmen eines Verantwortungsbereichs verantwortlich“)

Dabei sind verschiedene Arten der Verantwortung zu unterscheiden:

- **Ingenieurverantwortung:** betrifft im Besonderen die Berufsgruppe der Ingenieurinnen (1.) und ihre Verantwortung für technische Praxis (2.), im Bereich des Umgangs mit Ingenieurtechnik (6.) (aufgrund spezifischen Ingenieurwissens). Hierzu zählt die strategische Verantwortung *(Band 1, 3.2);*
- **Langzeitverantwortung:** meint Verantwortung nicht nur individuell, sondern auch kollektiv zu denken *(Band 1, 3.2; Band 2, 4):*
  - Gemeinschaften haben sich zu verantworten (1.) gegenüber anderen Gemeinschaften (3.);
  - die unter Umständen noch gar nicht geboren sind (3.);
  - aber auch als Instanz auftreten können (4.) (Beispiel: Wie willst du das deinen Enkeln in Zukunft erklären?)
  - z. B. bezogen auf das normative Kriterium der Nachhaltigkeit (5.);
  - im Bereich ökologischen Handelns (6.);
- **strategische Verantwortung:** als Aspekt der Ingenieurverantwortung, die Verantwortung für Handlungspotenziale im Umgang mit Ingenieurtechnik betreffend, besonders im Hiblick auf Umnutzung und Nebeneffekte (Beispiel: die verantwortungsvolle Definition von Merkmalen technischer Produkte oder Verfahren, sowie die Aufklärung über bestimmungsgemäßen Gebrauch und Gefahren durch Fehlverwendung mittels Bedienungsanleitungen, Handbüchern und technischen Dokumentationen) *(Band 1, 3.2).*

Zentrik/Zentrismus bezeichnet verschiedene Sichtweisen auf die Position der Menschen im Verhältnis zu anderen Lebewesen oder Dingen. Sie kennzeichnen verschiedene kulturelle Lebensstile, religiöse Weltbilder und Praktiken, moralische Überzeugungen oder Ideologien, aber auch methodisch relevante Heuristiken *(Band 1, 3.1; Band 1, 3.2):*

- **Anthropozentrik/Anthropozentrismus:** Menschen und ihre Handlungen stehen im Mittelpunkt. Die Sonderform der methodisch-sprachkritischen Anthropozentrik trägt wesentlich zur Begründung der Technikethik als rationaler methodischer Wissenschaft bei *(Band 2, 2);*
- **Biozentrik/Biozentrismus:** alle Lebewesen, inklusive Menschen, stehen auf einer Stufe;
- **Physiozentrik/Physiozentrismus/Holismus:** die komplette belebte und unbelebte Natur steht auf einer Stufe;
- **Technozentrik/Technozentrismus:**
  - sind Natur und Kultur gleich, dann geht Technozentrik in Physiozentrik auf oder dient als methodischer Begriff um eine Teilmenge der Physiozentrik anzusprechen;
  - sind Natur und Kultur nicht gleich, dann bezeichnet Technozentrik die Erweiterung der Physiozentrik um Kulturgüter oder sogar einen alternativen Holismus (den der Kultur im Gegensatz zu Natur);

- **Robozentrik/Robozentrismus:** rückt bestimmte Technologien in den Mittelpunkt, die auf einer Stufe mit anderen technischen Kulturgütern (technozentrische Robozentrik) und/oder der gesamten Natur stehen (physiozentrische Robozentrik) oder herausgehoben nur auf einer Stufe mit anderen Lebewesen (biozentrische Robozentrik) oder weiter erhoben nur mit Menschen auf Augenhöhe (anthropozentrische Robozentrik) stehen, die menschliche Position in einer Art Symbiose transformieren/übersteigen (transhumanistische Robozentrik) oder sogar überwinden (posthumanistische Robozentrik).

Technik, Technologie und Ingenieur

Ingenieurtechnik ist gekennzeichnet durch Standardisierung sowie Normierung von Kenngrößen und Baugruppen. Sie schließt Technologien auf Grundlage mathematischer, physikalischer, chemischer oder biologischer Theorien, Berechnungen und Modelle ein. In Tests findet sie ihr praktisches Pendant zu Experimenten in den Naturwissenschaften *(Band 2, 3.2).*

Ingenieurwissen ist nicht auf die Anwendung naturwissenschaftlichen Wissens beschränkt, sondern reicht deutlich darüber hinaus. Es bezeichnet eine Vielzahl eigenständiger Erkenntnisformen deren theoretische Ansprüche auf handwerklichem, künstlerisch-gestalterischem Wissen sowie kreativer Imagination aufbauen. In der Laborforschung oder bei Experimenten kann naturwissenschaftliches Forschen (teilweise) als Anwendung von Ingenieurwissen begriffen werden *(Band 2, 3.2).*

Technik bezeichnet im Kontext menschlich-kultureller Handlungen 1. praktische Kunstfertigkeiten (eine Technik beherrschen), 2. hergestellte Gegenstände, 3. Verfahren, 4. Systeme, 5. verwissenschaftlichtes, theoretisches Wissen (Technologie), 6. Medien der Selbst- und Weltverhältnisse sowie 7. Zweck-Mittel-Relationen und deren Reflexion *(Band 2, 3.2).*

Technikwissenschaft bzw. Ingenieurwesen stellt die Professionalisierung technologischer Praxis (im Umgang mit Ingenieurtechnik und auf Grundlage von Ingenieurwissen) in verschiedenen Disziplinen wie Maschinenbau, Elektrotechnik, Informatik etc. dar *(Band 2, 3.2).*

Technologie ist eine Sonderform von Technik, wo diese durch verwissenschaftlichtes, theoretisches Wissen angereichert zur Ingenieurtechnik wird *(Band 2, 3.2).*

Technische Praxis/technisches Handeln

Dual use wird insbesondere zur Bezeichnung der militärischen Nutzung ziviler Innovationen oder umgekehrt der zivilen Nutzung militärischer Innovationen gebraucht *(Band 2, 3.3).*

Multistability zielt auf die Umdeutungen sinnlicher Erfahrungen und sozialer Prozesse durch technische Medien wie Computervisualisierungen, Social-Media-Inhalte oder andere meist bildgebende Verfahren ab *(Band 2, 3.3).*

Nebeneffekte sind nicht beabsichtigte Begleiterscheinungen technischer Handlungen. Wie Nebenwirkungen treten sie zusammen mit der Realisierung des gewollten Zwecks auf. Beispiel: Atomenergie (Zweck der Atomtechnik), Atommüll (technischer Nebeneffekt), Antiatomkraftbewegung (sozialer Nebeneffekt), „Atompilz" (sprachlicher Nebeneffekt) *(Band 2, 3.3).*

Umnutzung bzw. Umdeutung bezeichnet die Vielfältigkeit technischer Praxis/technischer Handlungen. Wie materielle technische Gegenstände, so lassen sich auch Worte umdeuten. Beispiel: Eine Computermaus kann zum Spielen oder Arbeiten genutzt werden, jenseits der Herstellervorgaben lässt sich das Kabel auch als Mordwaffe zweckentfremden; das Wort „Maus" kann ein „Eingabegerät" meinen oder ein Nagetier *(Band 2, 3.3).*

Zweckentfremdung ist die unvorhersehbare, von Herstellerinnen und Entwicklerinnen nicht intendierte Anwendung technischer Mittel. Beispiel: Ein Küchenmixer wird als Teil einer Kunstinstallation umgenutzt *(Band 2, 3.3).*

Entwicklung und Geschichte

Hintergrundstrahlung, historische bzw. kulturelle, beschreibt in loser, metaphorischer Analogie zur kosmischen Hintergrundstrahlung die Wirkungen vergangener menschlicher Handlungen auf die Gegenwart. Sie schließt Sprachgeschichte ein, wie auch Politik-, Sozial- oder Wirtschaftsgeschichte. In der Philosophiegeschichte wird sie mit Blick auf Ethik erforscht, in der Technik- und Wissenschaftsgeschichte für die entsprechenden Bereiche *(Band 1, 2.3).*

Entwicklungspfade lassen sich für konkrete Techniken, Sprachen, Kompetenzen, Wissen oder soziale Normen bzw. Gewohnheiten rekonstruieren. Beispiel: Zuerst wird das Rad erfunden, dann sind Töpferscheibe oder Wagen auf diesem Entwicklungspfad möglich, gleichzeitig werden neue Redeweisen zur Bezeichnung dieser Innovationen gefunden und soziale Normen der Geschirrverwendung sowie Mobilität wandeln sich *(Band 2, 3.4).*

Pfadkopplungen bzw. Konvergenzen entstehen bei der Verbindung technischer Entwicklungspfade bzw. Konvergenzlinien zu neuen Formen technischen Handelns. Beispiel: Atombomben + Flüssigtreibstoffraketen + U-Boote = strategische Nuklearwaffen *(Band 2, 3.4).*

Roboter und künstliche Intelligenz

Algorithmus ist eine zeichen- und symbolverarbeitende, regelgeleitete Verfahrenstechnik, um in einer endlichen Anzahl von Schritten ein Ergebnis zu finden. Algorithmen gehören zu den Kalkülen und werden konkret auf die Informationsverarbeitung zwischen Eingabe und Ausgabe von Daten zugespitzt. Computerprogramme sind Formalisierungen von Algorithmen. Turing-Maschinen und Computer sind Algorithmen. Daten oder Hardware ist damit jedoch nicht gemeint, es geht um den (Rechen-)Prozess *(Band 3, 6.2)*.

Drohnen sind Roboter, die durch ihren Fahrzeugcharakter im Einsatz zu Land, Wasser, Unterwasser, im Luft- oder Weltraum gekennzeichnet sind. Die Systeme sind in der Regel ferngesteuert. Es lassen sich grob 2 Arten unterscheiden: Hochdistanz-Drohnen (Typ I, Beispiel: über Kontinente hinweg angesteuerte größere Kampfdrohnen) sowie Kurzdistanz-Drohnen (Typ II, Beispiel: kleinere Quadcopter oder RC-Cars aus dem Baumarkt) *(Band 3, 3)*.

Künstliche Intelligenz ist ein Sammelbegriff für diverse Softwaretechnologien (von englisch „artificial intelligence“ = „technische Informationsverarbeitung“), die Verfahren zum Problemlösen bereitstellen. Dem klassischen Ansatz der 1950er–Jahre, der auch als kognitivistisch, funktionalistisch und/oder symbolisch bezeichnet wird, liegt die Hypothese zugrunde, dass sich menschliches Denken durch Symbolmanipulation und Wissensrepräsentation top-down abbilden und modellieren lässt. Seit den 2000er-Jahren rücken schon vorher bekannte alternative, subsymbolische und konnektionistische Verfahren in den Mittelpunkt, die auch unter den Sammelbegriffen des Machine Learnings, Deep Learnings, der Artificial Neural Networks oder der Self-learning Algorithms zusammengefasst sind. In selbstorganisierten Bottom-up-Prozessen werden schichtweise Modelle durch die Verdichtung von Knoten errechnet. Nicht mehr die Symbolik menschlich (formal-)logischen Denkens steht dabei Pate, sondern die Physiologie vernetzter Neuronen. Auf Grundlage der Analyse von Trainingsdaten wird die Wahrscheinlichkeit der korrekten Bild- und Mustererkennung, Verhaltensprognose von Usern im Internet, aber auch das Ansteuern von Robotern optimiert *(Band 3, 4)*.

Roboter ist ein Sammelbegriff für verschiedene computer- und netzwerkbasierte Informationstechnologien, die mittels Sensoren und Aktuatoren entweder ihre komplette räumliche Position oder die räumliche Position einiger Teile verändern können, und durch aktive, physisch-materielle Eingriffe mit ihrer Umgebung wechselwirken/interagieren (mein Vorschlag). Neben diesem Vorschlag existieren viele alternative Versuche allgemeiner Roboterdefinitionen. Jedoch liegt aktuell keine perfekte Definition vor, schon weil es sehr viele verschiedene Robotertechnologien gibt, beständig neue hinzutreten und die Abgrenzung zu Computern und künstlicher Intelligenz schwerfällt. Der Begriff robota wurde 1920 in Josef und Karel Čapeks Theaterstück *R.U.R.* (*Rossumovi Univerzální Roboti*) zur Bezeichnung humanoider Maschinen eingeführt, die wie menschliche Sklaven Zwangsarbeit verrichten. In aktuellen Varianten wird zunehmend auf missverständliche Zuschreibungen wie „smart“, „able to think“ oder „autonomous“ zurückgegriffen, wobei Roboter auch – nicht minder irreführend – als „verkörperte KI“ bzw. „embodied AI“ benannt werden. Die Abgrenzung zu anderen vernetzten und informationsverarbeitenden Computern kann über die physische Interaktion mit der Umwelt durch Sensoren und Aktuatoren – also eine besondere Art der Hardware – erklärt werden. Aber selbst der Versuch, jeden Roboter als Informationstechnologie/ Computer + X zu definieren, scheitert an Konzepten der Bioroboter. Einfacher sind

Bestimmungen spezifischer Robotertechnologien (Industrieroboter, Serviceroboter etc.). Dabei geht es nicht nur um die Aufzählung und Abgrenzung technischer Ausstattungsmerkmale. Funktionen, Zwecke und Interaktionsformen dienen gleichfalls als Kriterien zur Bestimmung *(Band 3, 1; Band 3, 2).*

- **Social Robot/soziale Roboter:** bestimmt durch soziale Mensch-Roboter-Interaktionen, auch mit Laien im menschlichen Alltagsleben jenseits gesicherter Industrieanlagen (Beispiel: Lernroboter im Kinderzimmer; durchServiceroboter im Restaurant; Pflegeroboter im Heim) *(Band 3, 2.1).*
- Weitere spezielle Roboterbegriffe und Interaktionsformen werden vorgestellt in Band 3, 1.2 und Band 3, 2

Stichwortverzeichnis

M. Funk, *Roboter- und KI-Ethik,* https://doi.org/10.1007/978-3-658-34666-9

Ihr kostenloses eBook

Vielen Dank für den Kauf dieses Buches. Sie haben die Möglichkeit, das eBook zu diesem Titel kostenlos zu nutzen. Das eBook können Sie dauerhaft in Ihrem persönlichen, digitalen Bücherregal auf **springer.com** speichern, oder es auf Ihren PC/Tablet/eReader herunterladen.

1. Gehen Sie auf **www.springer.com** und loggen Sie sich ein. Falls Sie noch kein Kundenkonto haben, registrieren Sie sich bitte auf der Webseite.
2. Geben Sie die eISBN (siehe unten) in das Suchfeld ein und klicken Sie auf den angezeigten Titel. Legen Sie im nächsten Schritt das eBook über **eBook kaufen** in Ihren Warenkorb. Klicken Sie auf **Warenkorb und zur Kasse gehen**.
3. Geben Sie in das Feld **Coupon/Token** Ihren persönlichen Coupon ein, den Sie unten auf dieser Seite finden. Der Coupon wird vom System erkannt und der Preis auf 0,00 Euro reduziert.
4. Klicken Sie auf **Weiter zur Anmeldung**. Geben Sie Ihre Adressdaten ein und klicken Sie auf **Details speichern und fortfahren**.
5. Klicken Sie nun auf **kostenfrei bestellen**.
6. Sie können das eBook nun auf der Bestätigungsseite herunterladen und auf einem Gerät Ihrer Wahl lesen. Das eBook bleibt dauerhaft in Ihrem digitalen Bücherregal gespeichert. Zudem können Sie das eBook zu jedem späteren Zeitpunkt über Ihr Bücherregal herunterladen. Das Bücherregal erreichen Sie, wenn Sie im oberen Teil der Webseite auf Ihren Namen klicken und dort **Mein Bücherregal** auswählen.

EBOOK INSIDE

eISBN 978-3-658-34666-9

Ihr persönlicher Coupon coXxvLd4pg0h04k

Sollte der Coupon fehlen oder nicht funktionieren, senden Sie uns bitte eine E-Mail mit dem Betreff: **eBook inside** an **customerservice@springer.com**.

GPSR Compliance

The European Union's (EU) General Product Safety Regulation (GPSR) is a set of rules that requires consumer products to be safe and our obligations to ensure this.

If you have any concerns about our products, you can contact us on ProductSafety@springernature.com

In case Publisher is established outside the EU, the EU authorized representative is:

Springer Nature Customer Service Center GmbH
Europaplatz 3
69115 Heidelberg, Germany

Batch number: 10683567

Printed by Printforce, the Netherlands